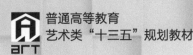
普通高等教育
艺术类"十三五"规划教材

家具设计
创意与实践

+ 任成元 编著 +

FURNITURE
DESIGN

U0381825

人民邮电出版社

北京

图书在版编目（CIP）数据

家具设计：创意与实践 / 任成元编著. -- 北京：
人民邮电出版社，2018.8（2024.1重印）
　普通高等教育艺术类"十三五"规划教材
　ISBN 978-7-115-48071-2

　Ⅰ．①家… Ⅱ．①任… Ⅲ．①家具－设计－高等学校
－教材 Ⅳ．①TS664.01

中国版本图书馆CIP数据核字(2018)第052554号

♦ 编　著　任成元
　责任编辑　刘　博
　责任印制　沈　蓉　彭志环

♦ 人民邮电出版社出版发行　　北京市丰台区成寿寺路 11 号
　邮编　100164　电子邮件　315@ptpress.com.cn
　网址　https://www.ptpress.com.cn
　涿州市般润文化传播有限公司印刷

♦ 开本：787×1092　1/16
　印张：12.25　　　　　　　　2018 年 8 月第 1 版
　字数：316 千字　　　　　　 2024 年 1 月河北第 10 次印刷

定价：59.80 元

读者服务热线：(010) 81055256　印装质量热线：(010) 81055316
反盗版热线：(010) 81055315
广告经营许可证：京东市监广登字 20170147 号

家具是人们生活与工作中离不开的必需品，是人们生活方式的缩影，也是一门艺术，更是一种文化形式。现代家具给人们的物质生活和精神生活带来美的享受，反映了人们的生活态度。当今，在"互联网+"时代、智能时代、体验时代的背景下，需要人性化、个性化、模块化、智能化等艺术创意形式来丰富家具的发展趋势，满足人们的新需求。本书结合当今社会、经济、人文等元素，剖析人们目前对家具市场的需求及其发展趋势，总结家具的创意设计方法、设计流程、思维理念等，结合案例进行图文并茂的分析，并进行设计实践。本书对专业教学、企业品牌创建以及爱好者们的学习将起到积极作用。

随着人们物质生活水平的提高，人们的生活习惯正由追求产品形式的简单和实用性向注重产品的舒适性和美观性发展。现代家具是经过设计创造中的不断积累、不断探索而形成的适合人们生活的器物。每个细节都可以是设计创作的核心，坚持以人为本、坚持结合时代的潮流思想，才能设计出好的家具。家具设计源于生活，又反过来给生活以积极的影响。捕捉创作灵感是设计师的必修内容。书中灵感的捕捉来自地域景观的惊艳、几何的魅力、音乐的节拍、舞蹈的节奏、语言的韵律以及造型艺术的色、线、形体的比例等。

家具设计课程在产品设计、环境设计、展示设计等专业都有开设。经过多年对家具创意设计领域的关注以及教学、科研的实践经验积累，笔者将之编著成书。主要内容包括家具的概念、设计原则与意义、家具的分类与发展趋势、家具设计要素、家具创意设计流程、家具创意设计方法、家具创意设计实践、创意精品赏析。纵向以设计流程为主线，从草图、定位、效果图、模型、成品再到市场；横向以家具所涉及的元素及领域为主线，从人文、自然、哲学到智能化。将纵向与横向进行交叉，形成立体架构。从深度到广度对家具设计进行详解，对读者起到发掘其自我创作潜力的作用。

感谢刘超瑜、高扬、宋淑静、黄珊等人帮助完成本书，也感谢身边每一个支持我的朋友。另外，书中引用了国内外部分企业及设计师的产品，仅作为教学参考资料，在此一并表示感谢。书中有不妥之处，请读者多加见谅。

任成元

于天津工业大学

E-mail: acpdesign@163.com

作者简介：

任成元，天津工业大学艺术与服装学院产品设计系主任、副教授、硕士生导师，研究方向是可持续性产品设计、创意创新产品开发。

第一章　概述 1

第二章　家具设计要素 15

第三章　家具创意设计流程 ………… 72

第四章　家具创意设计方法 ………… 93

第五章　家具创意设计实践 ………………… 146

第六章　创意精品赏析 ………………… 159

第一章
概述

　　家具是指人类维持正常生活、从事生产实践和开展社会活动必不可少的一类器具。家具跟随时代的脚步不断发展创新，如今门类繁多、材料各异、品种齐全、用途不一。家具设计反映着社会、人文、艺术、科技等方面的时代发展变化。

第一节 家具的概念

家具设计既是一门艺术，又是一门应用科学，主要包括造型设计、结构设计及工艺设计三个方面。一件精美的家具不只实用、舒适、耐用，它还必须是历史与文化的传承与发扬者，是生活格调的体现。设计的整个过程包括收集资料、构思、绘制草图、评价、分析、效果图、尺寸、模型、再评价、生产等。家具设计是用图形（或模型）和文字说明等方法，表达家具的造型、功能、尺度与尺寸、色彩、材料和结构。作为家中的大件摆设，家具可以说是一个房间的灵魂，家具的选择很大程度上决定了房间的装修风格，会带给人不同的生活氛围。因此，在装修中，与其说是选择家具，不如说选择的是家具带给我们的一种向往的生活方式。

家具设计是指在生活、工作或社会实践中供人们坐、卧或支撑与储存物品的一类器具与设备的设计。家具不仅是一种简单的功能性产品，而且是一种普及性的大众艺术，它既要满足某些特定的用途，又要带有一定的艺术美观性，家具设计过程中要充分考虑人、环境、家具三者的关系。

按人在使用中的角度，家具可分为人体系、半人体系、建筑物三类。

人体系家具：直接和人身体接触并以服务人体为目的家具，指椅子、沙发、床等直接与身体接触，支撑身体的家具，如凳子、椅子、转椅、小凳子、床、沙发、连椅、安乐椅、躺椅、扶手椅等。

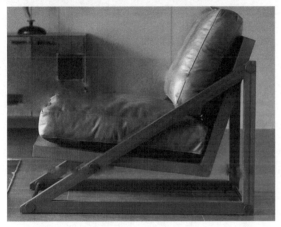

　　半人体系家具：间接和人体接触以辅助用户工作或活动为目的的家具，即"桌、台系家具"，指桌子、服务台等既可放置物品又可在上面工作的家具，如餐桌、会议桌、接待桌、折叠桌、服务台、化妆台、电脑桌等。

建筑物家具：不和人体接触，用来陈设、摆放物品的家具，指像柜架那种可以储藏物品成分隔房间类的家具，也称储藏类家具，如柜、橱、书架、箱、鞋柜、床头柜、碗柜、组合家具、壁橱、厨房系列等。

　　家具早已不仅是在生活、工作中供人们坐、卧或支撑与储存物品的器具与设备的总称，其琳琅满目的品牌已然成为我们生活方式的倡导者。家具行业的发展从品质诉求到生活方式倡导都凸显了一种趋势，家具对消费者来说，不仅是耐用消费品，而且是一种生活方式的体现，归根结底它是一种以家为核心的文化，更深层次地体现了对精神家园和诗意栖居的向往。家具设计的艺术表现形式主要体现在家具的造型设计上，是指运用一定的手段，对家具的形态、质感、色彩、装饰及构图等方面进行综合处理构成完美的家具形象的过程。

家具是一种文化载体和文化现象。中华民族博大精深的文化体现在家具作品中，例如，中式家具多以木材为原料，结合中国传统文化与哲学思想，因此，优美典雅的中式家具吸引了不少注重生活品质的消费者。现代中式家具以红木家具为代表，强调主人文化品位和自身修养的同时，注重生活的舒适性。

第二节　家具设计原则与意义 ■■■

　　家具设计是一种创作活动，是建立在现代物质技术基础上的结构设计和造型设计。它需要依据人体尺度及使用要求将各种要素加以完美综合，实现功能与形式的统一、艺术与技术的统一、质量与经济效益的统一。家具设计应把握好家具与人和空间环境中相关的各种因素之间的关系，满足现代人们的生活需求与审美倾向，满足心理学、生理学、行为科学、人体工程学及材料特性、工艺特点等各方面的要求。

■ 一、设计原则

1. 实用性

设计的家具制品必须符合它的直接用途。任何一件家具都有它的使用目的，或坐、或卧、或储、或放。首先，家具要满足使用上的要求并具有坚固的性能。其次，家具的尺寸、曲线要符合人体的尺寸和曲线要求，以人体工程学为指导，要有助于改善人体相关系统的状况，消除疲劳，提高工作效率和休息质量。例如，与人体关系密切的支撑、凭倚类家具，其各部分尺寸必须符合人的形体特征和生理条件；储物类家具要有足够的储存空间以及合适的尺度，使存取方便、快捷、安全。

2. 艺术性

美观是家具设计的基本要求之一。人在使用家具的过程中除了获得直接的功效外，还从家具造型的点、线、面、体的结合以及虚实、色彩等获得视觉信息，从触觉获得柔软、粗糙、光滑、冷暖等知觉信息。这些信息能激发人们的情感，使人得到美的享受。家具设计要从整体风格出发考虑使用对象的个性特点，运用形式美的法则处理家具的造型，使之具有鲜明的性格特征。家具设计还要注意家具的细节处理，如沙发的扶手，做工要细腻、润滑、手感舒适，这样能使人产生精美的感觉。

3. 科学性

家具设计的科学性体现在结构选择和材料运用的合理性上。家具要结构受力合理，符合所选材料的特性和加工工艺要求，并尽可能简化工艺过程，提高生产效益。在设计中，注意使用新材料、新工艺、新技术，不断创造新的产品形式，如智能家具的设计。

4. 经济性

家具设计还要考虑经济因素的影响。在设计中,材料的选用、加工制作的难度、加工的量等都是影响经济的主要方面。为了达到物美价廉的要求,家具设计者首先应考虑便于机械化、自动化生产的家具,尽量减少所耗工时,降低加工成本;另外,还要合理使用原材料,因材施用,材尽其用,使材料的性能在设计中得以充分展示。

■ 二、家具的意义

1. 家具的功能意义

家具与建筑同宗同源,家具依附于建筑,是建筑功能的延伸,并具有独特的功能意义。建筑需要依托家具(或家饰)形成特定的室内空间氛围,家具主要从内部构建来完善建筑功能,人们通过家具来享用建筑室内空间。

2. 家具的文化意义

家具是一种物质文化产品,它反映了不同历史时期科技、工艺水平、民族、文化和审美的观念,承载着不同风俗习惯、宗教信仰,如中国东北的炕桌、日式的席地而坐、美式的粗犷、北欧的简洁等。

3. 家具的美学意义

家具要满足实用性与审美的统一。首先满足使用功能,离开了具体功能就失去了最基本的价值,没有用途的家具不可能是美的家具。家具的功能决定了它艺术与技术的构成方式。

4. 家具的社会意义

现代家具可以改善居住环境,提高生活质量。现代家具以其形态风格深入地影响着人们,给人以启迪、审美,促进文化建设,其社会意义可以超越直接功能,使家具成为社会地位与身份的象征。

5. 家具的经济意义

家具生产是国民经济的重要增长点,是朝阳产业。中国是世界第二大家具生产国和出口国,也是家具消费大国。设计一把椅子和设计一台小汽车具有同样的意义,从事家具设计可以实现你成为设计大师的梦想。家具设计要深入研究、准确把握,要有高度的社会责任感,全心投入。

第三节 家具种类与流行趋势 ■ ■ ■

■ 一、家具种类

按风格分类,家具可以分为现代家具、欧式古典家具、美式家具、中式古典家具(即红木家具)、新古典系列家具等。

按所用材料分类,家具可以分为实木家具、板式家具、软体家具、藤编家具、竹编家具、钢木家具和其他人造材料制成的家具(如玻璃家具、大理石家具等)等。

按功能分类,家具可以分为客厅家具、卧室家具、书房家具、厨房家具(设备)和辅助家具等。

按产品的档次分类,家具可以分为高档、中高档、中档、中低档、低档。

按产品的产地分类,家具可以分为进口家具和国产家具,也就是国际品牌和国内品牌。

按结构类型分类,家具可以分为框式家具、板式家具、软体家具等。

按在家庭不同房间分类,可以如下表细分。

客厅	休闲椅、茶几、沙发、角几、电视柜、酒柜、装饰柜等
过道	鞋柜、衣帽柜、玄关柜、隔断等
卧室	床、床头柜、榻、衣柜、梳妆台、挂衣架等
厨房	橱柜、挂件等
餐厅	餐桌、餐椅、餐边柜、角柜、吧台等
卫生间	洗手盆、坐便器、淋浴屏、浴缸、花洒、墩布池、马桶等
书房	书架、书桌椅、文件柜等
门厅	鞋柜、衣帽柜、雨伞架等

二、家具流行趋势

受人们的年龄层次、接受文化教育的程度以及社会地位等因素的影响,如今多元化的风格,包括新古典、后现代、欧式、美式、田园、乡村、地中海等风格都有一定的市场占有率。随着时代的发展,家具设计将会被赋予更多主题,简单的应用已不能满足人们的要求,智能化、绿色化、创新化的趋势正在开始显现。

(1)智能化趋势:随着新时代的发展以及生活方式的改变,人们越来越看重家具的方便舒适性,智能化的家具不断涌现出来,其带给人们的便捷是有目共睹的。

(2)绿色化趋势:绿色是当前全球发展的重要任务之一,从绿色理念出发,设计、制造绿色的符合环境要求的家具产品,设计绿色化的原生态家具。

(3)创新化趋势:如何设计出更符合人类空间要求的家具,如何实现高效率、智能化发展,如何实现人脑同步,这也是家具设计的一大目标。

思考与练习 ▪▪▪

1. 分别列举属于人体系、半人体系、建筑物系的 5 种家具。

2. 在展会中找一款家具，根据设计原则理论进行解析。

3. 列举一款你见过的智能家具。

第二章
家具设计要素

　　家具设计就是设计一种新的生活方式、工作方式、休闲方式、娱乐方式……越来越多的设计师对 "家具的功能不仅是物质的，也是精神的" 这一理念有了更多、更深的理解。现代家具正朝着实用、多功能、舒适、保健、装饰等方向发展。现代人对家具的需求已不仅是停留在 "实用" 的层面上，人们更多追求的是家具所承载的丰富文化内涵，他们需要的是有时代特征并能满足自身心理诉求的家具产品。好的家具设计是围绕家具设计要素展开的。

第一节　形态

家具反映人们的生活，给人们的物质生活和精神生活带来美的享受。家具以其特有的造型及内涵为生活增光添彩，通过其自身的形式美，把生活改造得更加完美和谐。设计师通过研究造型载体的艺术规律，表达家具的文化内涵，给用户传递其价值和意义。

一切艺术形态都是通过三个造型要素点、线、面构成，需要通过各种不同的点、线、面组合起来完成一个造型设计的表现，因此造型要素在家具造型设计中起着非常重要的作用。生活中，所有的物品造型大都由点、线、面三者单独或组合呈现。造型设计是对家具的外观形态、材质、肌理、色彩装饰等造型要素进行综合分析和研究，并创造性地构成美观又合理的家具形象。

■ 一、点的概念与形状

点是基本的形态要素之一，也是造型设计中的重要内容，其出现往往会起到画龙点睛的作用，会特别引人注目。点虽然小，却具有很强的美学表现冲击力。点有概念上的点和实际存在的点之分。概念上的点，即几何学中的点，只有位置，没有大小和形状，存在于意识之中；实际存在的点，即设计中的点，是相对存在的，是空间位置的视觉单位。

点的视觉效果如下。

聚集性：聚集性是点的基本特性。任何一个点都可以成为视觉的中心，令人产生紧张感。因此，点在画面中具有张力作用，在心理上有一种扩张感。

线性效果：同一平面上两个或两个以上的大小相等的点排列时，会使人产生点之间成线的联想；且点之间的距离越近，被暗示的、视觉感知到的线越粗。

相对性：造型中的点是在设计观念和手法上把设计元素排除掉固定大小和界限后的存在。在同一空间中所处的位置不同，所产生的视觉效果也是不同的。如果平面上两个点大小不等，会使人们的视线由大点向小点移动，从而产生强烈的运动感。

多点排列：若相同大小的点不在一条直线上时，往往可以产生面的视觉效果；若不同大小的点排列在一条直线上，数量为奇数时，能形成视觉停歇点，在心理上产生稳定感，但点不宜太多，否则不易捕捉到视觉停歇点。

在家具设计中，点的应用分为功能性应用与装饰性应用，功能性与装饰性在家具设计中有时是统一的。功能性应用常见于门与抽屉的拉手上，拉手在家具中既是必不可少的功能构件，又是能在整体上起着画龙点睛作用的设计要素。

▪▫ 二、线的概念与分类

线是点移动的轨迹，具有长度、方向和位置，没有宽度和厚度，也是一个抽象的空间概念。而作为造型要素的线，在造型实践中，在平面上它具有宽度，在空间上也具有粗细，这是相对存在的，存在于造型观念和手法中。在造型中，通常把长与宽之比相差悬殊者称为线，即线在人们的视觉中，有一定的基本比例，超越了这个范围就不视其为线而应为面了。另外，一连串的虚点亦可构成虚线。

线的视觉效果如下。

1. 直线

直线具有简单、严谨、坚硬、明快、正直、刚毅等造型意蕴特性。分类如下。

水平线：具有安详、静止、稳定、永久、松弛等视觉效果。

垂直线：具有严肃、庄重、硬直、高尚、雄伟、单纯等视觉效果。

斜直线：具有不稳定、运动、飞跃、向上、前冲、倾倒等视觉效果。

2. 曲线

曲线具有温和、柔软、圆润、流动、优雅、轻松、愉快、弹力、运动等造型意蕴特性，多用于表现某种幽雅、丰满、运动的美感。分类如下。

几何曲线：指具有某种特定规律的曲线，给人以柔软、圆润、活泼、丰满、明快、高尚、理智、流畅、对称、含蓄的视觉效果。

自由曲线：不依照一定规律自由绘制的曲线，具有自然伸展、圆润、单性、柔软流畅、奔放丰富的视觉效果。

线在家具设计中的应用十分广泛，不仅常见于支撑架类，也可见于平面或立面板式构件部位上，既有实体形的线状功能性构件，也有装饰线，或分划线。

三、面的概念与分类

面在造型中表现为形，在家具设计造型中，主要是以板面或其他板状实体出现，由形面包围、线面混合而成。在造型中，面不仅有厚度，而且还有大小，由轮廓线包围且比点感觉更大，比线感觉更宽的形象称为面。由此可见，点、线、面之间没有绝对的界线，点扩大即为面，线加宽也可成为面，线旋转、移动、摆动等均可成为面。造型设计中的面可分为平面和曲面两类，所有的面在造型中均表现为不同的形。

面（形）的视觉效果如下。

1. 几何形

几何形是由直线或曲线构成或两者组合构成的图形。直线所构成的几何形有明朗、秩序、端正、简洁、醒目、信号感强等视觉特征，往往也具有呆板、单调之感；曲线所构成的几何形具有柔软、理性与秩序感等视觉特征。

几何形有正方形、矩形、三角形、梯形、菱形、正多边形、圆形、椭圆形等。

正方形：具有稳健大方、明确、严肃、单纯、安定、庄重、静止、规矩、朴实、端正、整齐等视觉效果。

矩形：水平方向的矩形稳定、规矩、庄重；垂直方向的矩形挺拔、崇高、庄严。

三角形：正三角形具有扎实、稳定、坚定、锐利之感；倒三角形具有不稳定、运动之感。

梯形：正梯形具有生动、含蓄的稳定感；倒梯形具有上大下小的轻巧的运动感。

菱形：具有大方、明确、活跃、轻盈感。

正多边形：具有生动、明确、安定、规矩、稳定感。

圆形：具有圆润、饱满、肯定、统一感，但缺少变化，显得呆板。

椭圆形：有长短轴的对比变化，更具有安详、明快、圆润、柔和、单纯及亲切感。

2. 非几何形

非几何形可产生优雅、柔和、亲切、温暖的视觉感受，能充分突出使用者的个性特征。

非几何形有有机形、不规则形等。

有机形：具有活泼、奔放的视觉感受，但也会引起散漫、无序、繁杂的视觉效果。

不规则形：具有朴实和自然感。

3. 形的错觉

明度影响面积的大小感：同样大小的形，明度越高，则显得越大。

附加线影响面积的大小感：同样大小的形，附加线越少，则显得越小。

方向或位置影响面积的大小感。

面在家具设计中的应用均以几何形或非几何形的形式出现，分四个方面，一是以板面或其他板状实体的形式出现，二是由条块零件排列构成，三是由形面包围构成，四是由线面混合构成。

◼◼ 四、体的概念与分类

体是家具设计造型的重要因素，是形态设计构成的基本单元，在现代风格的家具设计中，体常常以组合造型的方式出现，给人真实客观的存在感，具有平衡、舒展的视觉感受。体不同于点线面，它不仅是抽象的几何概念，也是现实生活中真实客观的存在，需要占据一定的三维空间。而无论多复杂的体，都可以被分解为简单的基本几何形体，如立方体、锥体等，即基本几何形体是形态设计构成的基本单元。体是通过面的移动、堆积、旋转构成的三维空间内的抽象概念。造型设计中的体，有实体和虚体之分，实体可以理解为面具有了厚度、空间被某种材料填充、有了一定体量的实形体；而虚体则是相对实体而言，它是指通过点、线、面的合围而形成一定独立空间的虚形体。

体可分为几何体和非几何体。几何体有正方体、锥体、柱体、球体等；非几何体是指一切自由构成的不规则形体。其中长方体按其三维尺度的比例关系不同又可分为块状体、线状体和板状体。这三种长方体通过自身的叠加或递减可以相互转换。

体的视觉效果如下。

细高的体：具有纤柔、轻盈、崇高、向上的视觉感受。

水平的体：具有平衡、舒展的视觉感受。

矮小的体：具有沉稳，给人小巧、轻盈的视觉感受。

厚实的体：具有敦厚、结实的视觉感受。

高大的体：具有雄伟、庄重的视觉感受，也使人产生压抑感。

虚体：具有开放、方便、轻巧的视觉感受。

在现代风格及后现代风格的家具设计中，几何形体应用最为广泛。

第二节 色彩

据资料显示，一个视觉功能正常的人从外界接受的信息，90% 以上是由视觉器官输入到大脑中的，人们看一个事物首先看的是事物的颜色，然后是事物的形状，最后才是感觉到事物的质感。看到事物的前几十秒，色彩的感知会在人的脑海里徘徊，几分钟后，人们才会留意到事物的其他特征。这样看来，色彩在现代家具的设计中占据不可忽视的关键位置，现代家具的色彩设计不仅要满足消费者的需求，也要符合室内环境的总体设计需求，更是设计者综合考虑各方面因素时的首选因素之一。

在室内设计中，色彩表达非常重要，家具的色调就成为重中之重，在迎合环境功能的同时，有抒发人的情感的效应。

■ 一、现代家具色彩设计的特征

现代家具色彩的选择非常多样化，设计师在选择色彩的同时注意色彩与周围空间的协调感，更重要的是，满足不同阶层的人们对色彩的不同要求。家具对于空间的作用相当于衣服穿在人身上的效果，设计者需要考虑衣服的色彩、材料、舒适度和整体的协调感来给人搭配衣服，让人感觉舒适实用的同时也赏心悦目，家具色彩的选择也同样如此，例如，同一色的沙发配以对比色的沙发枕或靠垫，同一个衣橱根据其使用功能分区漆以不同颜色。这种设计方法不仅在功能上更加受青睐，也能体现出设计者独特的巧思和创意。

现代家具色彩设计的侧重点在于，不同人的性格对色彩有着不同的喜好，例如，有人喜欢红色家具的富贵，但有人偏爱绿色家具的质朴，还有人喜欢蓝色家具的大气、紫色家具的妖娆等。但是，色彩只能在一方面反映人们的喜好，在不同的环境下人们也会处于不同的心境，因此，家具色彩的选择一定要考虑周围环境的影响，合理配色，这样才能让整体空间具有协调感。

■ 二、现代家具色彩设计的影响因素

家具的色彩设计是室内色彩总体设计的重要步骤。现代的家具设计越来越趋于人性化，但是色彩的选择有时也受生理和心理因素的影响，这样一来，人们不仅在感官上得到了满足，也在心理上得到了安慰。色彩的心理效应是人的感官在接受色彩时对人的心理产生的影响。例如，大部分人看到红色血压就会暂时升高，但是看到蓝色或绿色能让人的血压暂时降低。这都是人的心理对颜色的感觉影响到了人的生理，因为人们对红色的反应是警觉，但蓝色却能让人身心放松。现代家具的色彩设计不仅要考虑整体的效果，还需要考虑不同的色彩所给予人的不同感受。年龄阶段不同，从事的职业不同，性别不同，接受教育的程度不同，兴趣爱好不同等都会影响对色彩的选择，这就是影响现代家具色彩设计的心理因素。正是因为人们处于各种不同的心理状态，才使家具色彩的选择多种多样。例如，处于稚龄阶段的孩童喜

欢粉红、粉蓝的颜色等，这些颜色能给予他们温暖和安全感；男子偏爱棕红、黑色等大气、沉稳的颜色等。所以，设计者需要了解不同人的心理状态，设计出符合他们需求的家具，使双方都满意于家具的色彩设计。

自然界中，单色只有七种，即红、橙、黄、绿、青、蓝、紫，但是在计算机中所有颜色都由红绿蓝三基色组成，每种基色有 256 级，所以有 256×256×256=16 777 216 种颜色。家具的颜色可以调节室内的装饰效果，在选择家具的颜色时，应考虑整个室内空间的装饰，如果室内的家具是成套系列，各家具的色彩应当是和谐统一的。另外，还需要考虑室内其他诸如壁画、绿色植株等摆设品，现代家具应当与这些摆设品达到装饰互补的效果。为了使室内整体色彩和谐，家具的色彩可以介于空间环境与摆设品之间，使家具同具有装饰点缀效果的摆设品和整体空间环境协调一致。

限制三种颜色的定义如下。

（1）同一个相对封闭空间内的三种颜色，包括天花板、墙面、地面和家具。客厅和主人房可以有各成系统的不同配色，如果客厅和餐厅是连在一起的，要视为同一空间。

（2）白色、黑色、灰色、金色、银色不计算在三种颜色的限制之内，但金色和银色一般不能同时存在，只能在同一空间使用金色或银色的一种。

（3）图案类以其呈现色为准。例如，一块花布有多种颜色，由于色彩之间有多种关系，则以主要呈现色为准。

第三节　图案纹理

图案是装点家具效果的重要部分，可以是平面的、立体的、空间的。在中国古典家具文化元素中，图案纹理就发挥着重要的意义。

例如盘长，又称吉祥结。中国联通的公司标志就是盘长结。正因为盘长代表了绵延不断，人们由此引申出对家族兴旺、子孙延续、富贵吉祥世代相传的美好祈愿，我们熟悉的中国结正是盘长的演化。盘长是吉祥图纹的一种，其图纹本身盘曲连接、无头无尾、无休无止，显示绵延不断的连续感，因而被人们视作吉祥符。盘长的适用性很广，象征世代绵延，福禄承袭，财富源源不断，以至于爱情之树的常青都可以用它来表达和象征。盘长的图纹在家具上运用较广如北方农村农居的木窗棂、隔扇都有以盘长为镂花的。盘长有单独应用的，有二方连续的，有作角花的，常用在供桌的牙板上，还有变形的双盘长、梅花盘长、万代盘长、方胜盘长、套方胜盘长等，还有将其外廓线形变化成葫芦模样的，有的则以几何形状化的篆体寿字组成花边。

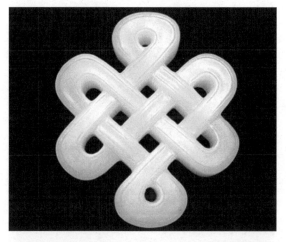

"囍"习惯称为"双喜"，是传统装饰中图纹的一种，建筑、家具、什器或其他日用品上常可见这种图形。"囍"又有变形的，或长或圆，表达欢庆喜悦，还有"禧"，多用于新婚嫁娶。喜庆，是人人都盼望的，正所谓民间四喜"久旱逢甘露，他乡遇故知，洞房花烛夜，金榜题名时"。对吉祥的表示，除喜神外，还有喜鹊、喜蛛、双喜、合欢花，菖蒲、獾、荷花等。

"寿"本是一个汉字，有人统计"寿"字达300多种写法，常见的有百寿图。但由于人们的观念原因，"寿"字不仅字意延伸丰富，字体也变化多端。"寿"字仍表达"五福"之一，且寿排首位，吉祥图谱有"五福捧寿"等。除此之外，还以谐音、假借等手法，创作出许多寿的吉祥物，其中有万古常青的松柏、寿可千年的龟鹤、五彩缤纷的绶鸟、食之延年的灵芝、仙桃、枸杞、菊花，还有生活中反映自然情趣的猫戏蝶等。寿的文字图像已变成了吉祥符号。除此之外，还有组合图案，如万字符和寿字组成"万寿图"、如意与寿字组成的"如意寿字图"、如意与寿字组成的"如意万寿图"；蝙蝠和寿字组成的"多福多寿""五福捧寿"等图纹。在日常生活中，这些字符、图纹常雕刻于家具或什器上。

在现代家具图案设计中，图案丰富多样，突出个性化，其被广泛应用到家具设计当中。另外，在图案的设计中，常用到比喻、拟人、夸张等修辞手法，突出效果特征，吸引用户眼球。

祥云。云为常见的自然现象，古人将这种自然现象神秘化，称某种情形的云为祥云。在图纹运用中，表现云的为"云纹"，是以云的回环状貌构成的。云的图有正字云、烟云、风云、如意云、灵芝云、穿雾云等；又有"套云拐子""如意云"，为相互连接而曲折者，表示绵绵不断；"流云纹"，是由流畅的回旋形状线条组成复杂多变的带状纹饰；"升云纹"，犹如流动的上升云彩。吉祥图有"慈善祥云"者，为莲花配以慈姑叶，周围是加云的图纹，此处的祥云为专门的祥瑞之云，这种预兆祥瑞的云就是"无色云"。

第四节 材料 ■■■

　　材料工艺是家具的重要组成部分，市场上一般有板式家具、实木家具、软体家具等。

■ 一、板式家具

　　板式家具是以人造板为主要基材、以板件为基本结构的拆装组合式家具。所用人造板有禾香板、胶合板、细木工板、刨花板、中纤板等。板式家具是全部经表面装饰的人造板材并由五金件连接而成的家具，拆装便捷，方便运输，解决了传统家具的整体性所产生的问题。

　　板式家具的各个板块部件是通过大型机械裁切加工制造的，生产速度快，尺寸精准，同时也节约了劳动力，达到了增加利润的作用。板式家具的质量稳定性比实木的好，外力作用下也不容易变形。其外形贴面，颜色丰富，并取消了传统家具在拼装完成后使用油漆的环节，几乎无异味。另外，板式家具所用的人造板是以各种木材的剩余物为原材料加工制成的，从而节约了木材，减少了资源浪费，也起到了保护有限资源的作用。

定制板式家具不仅可以对空间做合理的规划，也可以让使用者参与到产品设计的互动中来。

▪ 二、实木家具

实木家具是指运用实木制作的家具。实木家具的木料主要有水曲柳、榆木、柳桉木、樟木、椴木、桦木、色木、柚木、榉木、樱桃木、紫檀、柏木、红豆杉、橡木、红松、柞木、黄菠萝、核桃楸、木荷、花梨木、红木、苦楝木、香椿木、酸枣木等。随着经济的发展，生活水平的提高，人们对实木家具的要求也在提高。

1. 红木家具

红木家具是指用酸枝、花梨木等古典红木制成的家具，是明清以来对稀有硬木优质家具的统称。中国传统古典红木家具流派中，主要有京作、苏作、东作、颍作、广作、仙作、晋作和宁式家具。

京作历史上是御制、御用的"官窑"。而东阳被誉为百工之乡，木雕技艺尤其出众，500年以来，东阳木雕享誉京城，在全国的红木家具市场上，占有举足轻重的地位。

红木家具的特点如下。

（1）功能合理。

红木家具按照人体功能比例尺度设计，符合人体使用功能上的要求，具有很强的科学性。以椅子为例，其中的弯背椅、圈椅均契合人体需要，坐感舒适。

（2）造型优美。

庄重典雅的红木家具，在变化中求统一，雕饰精细，线条流畅，既有简洁大方的仿明式，又有雕龙画凤、精心雕琢的仿清式，也有典雅大方的法式等，可以满足不同人的审美需求。

（3）结构严谨，做工精细。

红木家具大都采用榫卯结合的做法，牢固耐用，从力学角度来看，具有很强的科学性。另外，中国传统的红木家具，大多是由工艺师们一刀一锯一刨完成的，每落一刀都花费工艺师的心思，同时还要讲究整体艺术上的和谐统一。

（4）用料讲究。

真正的中国传统红木家具是用质地优良、坚硬耐用、纹理沉着、美观大方、富于光泽的珍贵硬木即红木制成。

（5）集实用、观赏、保值于一体。

年代久远、品质高超的中国传统红木家具，是中外收藏家梦寐以求的珍品，加之红木资源有限，红木的生长周期又非常长，有的可达几百年，因此，物以稀为贵的红木家具将越来越具有独特的魅力。

2. 紫檀家具

紫檀家具是一种以紫檀为原料、结合艺术与个性的古典精品家具。在中国，紫檀家具等级是比较高的，明、清两代只有皇帝才能使用，皇家到东南亚采办紫檀木；或是各国进贡给皇帝。到了现代社会，紫檀家具终于开始进入平常百姓家。

紫檀具有硬、香以及色泽与纹理好的特点，它作为家具中的顶级材料，制造出的紫檀家具在木质纹路、雕刻花纹、图案和颜色方面极具天然的独特优势，因此，重文物收藏、讲究家具装修艺术的中国人对它更情有独钟。花梨纹紫檀一直是艺术界和收藏界共同承认的珍贵紫檀。值得一提的是，紫檀固然珍贵无比，但并非所有的紫檀家具都具有艺术收藏价值。

精品欣赏

紫檀木圆脚橱。高1315cm，上窄下宽，橱脚外圆内方。橱内有抽屉一对，分隔空间，可储存衣物。此橱造型敦厚，是一件非常标准的圆脚橱。

束腰方凳。此凳面径39cm，高46cm，凳面光素，外沿平直。凳面之下的束腰则雕饰仿古铜器的蕉叶纹，束腰之下则为托腮，腿间透雕如意纹牙子。四条腿也起双混面，足端雕成回纹马蹄足。此凳做工精致，雕饰花纹取材于三代青铜器，显得古朴高雅。

扶手椅。此椅宽57cm，深46cm，通高84cm，通体以紫檀木制成，采用南官帽式，靠背正中嵌有青花釉里红花卉瓷片，颜色清新淡雅的青花瓷片与色泽沉穆的紫檀木相衬，沉静中富于变化，恰成珠玉之配，颇具美感。两侧的扶手略微弯曲，扶手中央以圆形的璧作为联帮棍，座面用藤编软屉，座面下直枨如仰俯棂格，四条腿足直下，足间施以劈料裹腿管脚枨。此椅造型疏朗大方，工艺精湛，装饰无多却恰到好处，代表了清代家具的最高成就。

面炕几。炕几是自宋代以后一直流行的矮形家具，主要设在床榻和炕上，呈长方形而四足低矮，使用起来非常方便，古人多以其作为凭倚和靠衬之用，是旧时室内必备的家具。这件炕几为紫檀木制，长89cm，宽37.5cm，高35cm，几面平直呈长方形，与腿足之间直角相交，是典型的四面平做法。此几虽然通体光素，但它四足直下，足端雕成向内翻转的内翻回纹马蹄，体现了清代家具的典型特征。此几的几面之下，四足的上端又装饰有绳纹拱璧形牙子，以绳纹系璧为牙，圆璧内嵌有珐琅片，上绘有团寿字图案，这是当时清宫中较为流行的装饰手法，多在帝后寿诞时为庆贺生日所用。除镶嵌珐琅片以外，清代宫中还流行有嵌玉片、嵌螺甸、嵌绿松石等嵌加装饰的手法，应用在桌、案、几、橱柜等家具上，体现了清代统治阶层的审美需求。

坐墩。 紫檀绣墩的较早形式是器身开光，两端小中间略大，吸收了古代花鼓的特点，在上下两头各做出一道弦纹，雕出象征鼓钉的钉帽，既美观又简单。这类坐具大多体型较小，占地面积不大，宜陈设在小巧精致的房间，腔壁的四周或为素面，或装饰有各种图案。这件绣墩为清代宫廷用品，从外形上看并无特别的地方，但此墩却通体采用价比黄金的极品硬木紫檀木制成。此绣墩通高 52cm，面径 28cm，座面为圆形，座面之下、底座之上的两端，雕一道弦纹，在弦纹的中间，又雕出一圈象征固定鼓皮的鼓钉，鼓钉自然鼓起，毫无刀斧凿刻之感。绣墩的腔壁有五个海棠形开光透孔，在墩壁上满饰如意形卷云纹，装饰丰富，变化多样，五个开光之间又各用绳纹系一个海棠形璧子。此墩造型简洁明快，每一个部位都做得非常精致，可谓精工细作，不落俗套，称其为清宫家具珍品并不为过。

3. 鸡翅木家具

鸡翅木家具俗称"鸂鶒 (xi chi) 木"或"杞梓木"，鸡翅木家具因为纹理漂亮又寓意吉祥而广受追捧，又因其子为红豆，又被称为"相思子"。鸡翅木家具有独特的纹理，质量非常不错，而且绝不生虫。用鸡翅木做出来的家具看上去很有档次，很受儒雅人士的喜爱，而且鸡翅木家具很有艺术感，放在家具中能够彰显主人的品位。

精品欣赏

鸡翅木攒靠背板官帽椅。 图中的官帽椅为明式典型椅具，虽属光素一类，但做工已显露清式手法。重装饰轻结构，靠背椅不是独板，而是攒框，分三截装芯板，没有设置连帮棍；靠背板上部落膛起鼓。

鸡翅木仿青铜器供桌。 图中的供桌仿青铜造型，式样古怪，这样造型的家具在"同光中兴"时期之前从未有过，因为这一时期以罗振玉、吴大澂等人为首，研究金石学之风大盛，凡与金石有关的文物在清末曾一度名声大噪，身价不凡，青铜式样的供桌应运而生，只供陈设，几乎没有使用价值。用鸡翅木制作此供桌，使纹理与式样均得以展示，应该是设计者的初衷。供桌面板边沿雕二方连续回纹，四角与中间出戟，均为青铜器装饰的常见手法，用在家具上，别具一格。

鸡翅木四面平小方凳。鸡翅木家具的做工复杂，其明代作品与黄花梨家具、紫檀家具没有本质上的区别，若细细体会，才可以发现鸡翅木家具用料较仔细，家具较小，非常吝惜材料。例如插图中的小方凳、三碰肩、棕角榫，省料省工，尺寸都小，可谓典型。入清之后，清早期受明朝朴素之风影响，若有雕工装饰，也适可而止。

鸡翅木素卷口台座式榻。图中的台座式榻，以攒框分格加券口为主体结构，上盖交圈边框，下置托泥式足，此类做工的榻存世极少见，风格奇古，有宋人十八学士图为证。这种光素不雕且曲线装饰很少的明式家具在鸡翅木家具中较多，可以明显看出文人以表现木质纹理为中心的设计思路。

鸡翅木卷草纹靠背南官帽椅。图中的南官帽椅，搭脑与扶手都采用挖烟袋锅的做法——一种年代较早的施工手法；靠背板的纹饰也明味十足，如意云头减地起线，单纯卷草纹舒展大方；细藤软屉、步步高脚枨都与标准明式家具无异；唯独特殊的是在座面下沿，周围加一横枨，罗锅枨上的矮老不像常规直接顶住座面，而是与横枨相连。总体上讲，这类椅子与黄花梨等明式家具无本质区别，制作年代也应与其相符。

鸡翅木云钩扶手搭脑太师椅·清朝。清代太师椅的产生和当时森严的等级制度是分不开的，民间常见的太师椅也具有宽大、厚重的特点，搭脑与扶手都做成云钩状，很有时代特点。

4. 榆木家具

榆木质地硬朗、纹理直而粗犷、色泽质朴天然，与古人所推崇的做人理念相契合，所以，从古到今榆木备受欢迎，是人们制作家具的首选。榆木家具保留了明清家私的造型，从结构上看，榆木家具不用一根铁钉，完全靠合理的榫卯相连接，足以抵御南方的潮湿和北方的干燥。榆木通达清楚的自然纹理就像一幅幅重山叠翠的风景画，像湖面上泛起的层层涟漪，乍一看仿佛能瞬间远离烦嚣的都市，置身重山碧水之中。

优点如下。

（1）榆木家具收分有致、不虚饰、不夸耀、不越礼、方中带圆、自然得体、挺拔秀丽、刚柔相济、洗练中显出精致。

（2）榆木质地硬朗、质朴自然，不用一根铁钉，因为榆木有榫卯相连，可长久保存，深受人们喜欢。

（3）榆木心和边材有明显区分，材质轻，较硬，力学强度较高，纹理直，结构粗。心材，暗紫灰色；边材窄，暗黄色，典雅大方，造型繁复、简洁，很是耐看。

（4）榆木纹理清晰、花纹美丽、坚韧度强、刨面光滑，能与不同的材质家具和谐搭配，可以给居室空间带来无限活力，更有自然的田园气息。

缺点如下。

（1）榆木材料如果不够干，很容易导致榆木家具变形或出现裂缝等情况。

（2）榆木分为两种：老榆木和新榆木。老榆木制造的榆木家具如果没有处理好，会出现虫眼和老榫头眼等；新榆木制造的家具则比较容易出现变形等情况。

榆木有束腰三弯腿大太师椅·清朝·中期。

图中是"晋做"柴木家具之代表作。榆木分布比较广，有江浙一带的"南榆"、古时进口的"紫榆"、北方各地的"北榆"。此椅为"晋做"选北方榆木，花纹大、质地温存质朴、色泽明快，可谓价廉物美。

5. 榉木家具

榉木，也写作"椐木"或"椇木"，产于我国南方，北方不知此名，而称此木为南榆。榉木重、坚固、抗冲击，蒸汽下易于弯曲，可以制作造型，加工性能好。榉木为江南特有的木材，纹理清晰，木材质地均匀，色调柔和流畅它比多数普通硬木都重，在所有的木材硬度排行中属于中上水平。

优点如下。

（1）因为榉木常见，制造工艺也不复杂，所以榉木家具价格并不昂贵。

（2）榉木家具材质坚硬，木材质地细密，榉木拥有特殊的、如同重叠波浪尖的"宝塔纹"。

（3）榉木家具耐磨损，又有光泽，干燥的时候也不易变形。

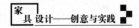

缺点如下。

（1）榉木家具的颜色不是那么统一，由于树龄不同，榉木的颜色和密度都有差异。

（2）榉木在干燥的情况下容易出现裂纹和变形，影响美观和使用，这也是榉木家具价格不够昂贵的重要原因之一。

精品欣赏

榉木罗锅枨加卡子花平头案·清朝。 匠师把几种做法巧妙地糅合到一起，运用自如，但并没有明显地标新立异。小案长845mm，体形很小，所以不用夹头榫也不会影响它的坚固程度。

榉木小灯挂椅·清朝。 通高835mm，典型"苏做"小型灯挂椅，比一般常见制式小些。造型简练、用材粗硕、有一种稚拙的雅趣。

榉木夹头榫小条凳·清朝。 此凳为案形结构，四腿足侧斜显著，采用夹头榫连接。独板厚材，腿足线脚及牙头都做得憨厚质朴，宋元绘画作品中常出现这种条凳。

榉木八角拼桌·明朝。 六角形腿足退进，镶宽边云头牙头及高桥梁式横档；脚档下置荷包牙头，整个桌子共有十条腿，拼合成一个八角形桌面。造型款式极其罕见，是一件明式家具的珍品。

榉木矮脚四不出头扶手椅·明朝。 椅子靠背板上的龙凤图案最为抢眼，造型硬朗，刀法刚劲。此椅式样与一般文椅无大区别，独特之处在于它的矮脚。后腿与搭脑的交接处托角挂牙呈卷草形，更显精致美观。

6. 水曲柳家具

水曲柳实木家具是指以植物水曲柳木材做成的实木家具。水曲柳木材材质稳定，不容易开裂变形，是做家具的上等材料，水曲柳材质坚韧，纹理美观。水曲柳是落叶乔木，主要生长在东北地区，其中在佳木斯水曲柳更常见。

水曲柳实木家具相比松木家具坚硬耐磨；相比红木家具，价格适中，亲民友善。在家具装修中，水曲柳对于我们来说是比较常见的木材，它的材质略硬，最大特点是木纹清晰美丽，耐腐、耐水性能好，易加工，韧性大，着色性能好，具有良好的装饰性能。

优点如下。

（1）水曲柳家具切面很光滑，油漆和胶粘性能也很好。

（2）水曲柳加工性能很好，能用钉、螺丝及胶水很好地固定，可经染色及抛光而取得很好的表面效果。

（3）水曲柳材质坚韧，纹理美丽，具有极良好的总体强度性能、良好的抗震力和蒸汽弯曲强度，是制作家具的良材。

（4）水曲柳具有很强的耐用性。其心木

对防腐处理剂有中等抗渗透力，白木质（边材）则具渗透力，水曲柳很适合干燥气候，它的老化极轻微，心材性能变化小。

缺点如下。

（1）水曲柳没有心材抗腐力，白木质易受留粉甲虫及常见家具甲虫蛀食，不易干燥，易产生翘裂。所以建议水曲柳实木家具一定要放置于干燥环境中，对其做好干燥保护措施。

（2）水曲柳实木家具易变形，制作全实木家具，多用小木块拼接，大块的木材不适合，其收缩变形大。一些水曲柳家具基本上是主框架用水曲柳实木，而大面积部分贴水曲柳实木皮，这也是因为水曲柳变形收缩大这个特性。因此，建议做水曲柳实木家具采用水曲柳和细木工相结合的方式。

精品欣赏

水曲柳整装座椅。它的材料为原木，精选优质水曲柳具有良好的抗腐蚀性能，纹理清晰，木质切面非常光滑，色差小，耐水性很好，着色性能好，油漆和胶粘的性能也很好，可经染色及抛光而取得很好的表面效果，具有良好的装饰性能；不含甲醛，绿色环保，而且无棱角打磨柔和边缘，让整个椅子档次提升。选用天然无污染的木蜡油作为木质表面的保护，绝对安全绿色无污染，从而可以让您用得更放心。

axel 凳子。axel 凳子是对功能与情感相关的探索。这款凳子是对过去的缅怀，所用的材料成就了它的创作，但其设计概念的焦点放在设计与互动的未来上，天然的水曲柳与给人一种坚不可摧工业感的金属相结合，由楔子固定在一起。"axel"通过传统的劳作工具来表达视觉语言，简单的动作就能把它捶打进去，加深使用者与物品之间的关系。

扇贝型造型独特的单人椅，大方简洁，适合搭配现代中式或西式家具。

7. 黄花梨家具

作为制作家具最为优良的木材，印度黄花梨有着非凡的特性。这种特性表现为不易开裂、不易变形、易于加工、易于雕刻、纹理清晰、有香味等，再加上工匠们精湛的技艺，印度黄花梨家具成为了古典家具中美的典范。时至今日，海内外收藏家无不以收藏到印度黄花梨家具绝品而自豪。印度黄花梨家具也成为了"古典家具之美"的代名词。

精品欣赏

黄花梨马扎。它由八根直材构成，是交杌的基本形式。此马扎是清代中期所制，与北齐绘画作品中出现的交椅形象没有差别。千百年来，民间使用的交杌一直保持着它原来的结构。

Venezia **实木扇贝椅子。**水曲柳实木打造出

清早期黄花梨方腿圆角柜成对。为嘉木堂旧藏，柜帽略突出，边抹冰盘沿，方材腿足，"硬挤门式"，攒边装面芯，内置三块屉板。精巧的圆形合页、面叶、纽头、吊牌保存完好，为柜身平添几分妍秀灵巧。造工熟练精致，线条利落清爽，在黄花梨圆角柜中堪称造型美、用料精。

黄花梨四出头大官帽椅·清朝早期。通高1170mm，与典型的"苏作"家具中四出头官帽椅结构相同，但尺寸硕大且更具有装饰性。后背板嵌云石、嵌瘿木板心刻有书法。清前期保持了明式家具的原有结构特征，适度地添加了装饰。

黄花梨躺椅·清朝中期。此躺椅在造型和某些做法上，与竹制家具相仿。搭脑仿圆形竹条枕，靠背、座面和脚凳面平铺木条，仿竹椅平铺竹板。脚凳的前沿牙条为曲柄抽象式如意浮雕，时代特色明显。

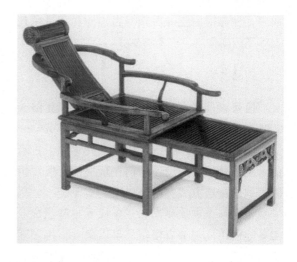

8. 橡木家具

橡木家具是目前家具市场中比较流行的一类实木家具，采用橡木为原材料，经现代木工工艺精制而成。橡木家具拥有自然清晰的纹理，木质坚硬而耐用，所以深受广大消费者的喜爱。在选购橡木家具的时候，务必仔细了解下橡木家具的优缺点。

（1）橡木木质坚硬，具有自然而清晰的山形纹理，制成家具后稳定性较强、结实耐用。橡木加工性能良好，适合用来制作欧式风格的家具。

（2）橡木纹理粗犷易加工，涂装效果良好，所以被广泛用作室内建筑装饰、家具、地板等的基础材料，品质也是有口皆碑的。

（3）橡木质地坚硬，这是其优点，同时也是其缺点，在制作工艺不太成熟的情况下，橡木家具较易出现变形和开裂的现象。

（4）橡木家具的推崇者较多，所以有些不良商家欲用"橡胶木"混淆视听，消费者在不察之下，较容易上当受骗。

（5）国内橡木木材量少，目前主要依赖进口，导致橡木家具的价位居高不下，很多喜爱橡木家具的人士在选购家具时因此迟疑不定。

（6）橡木家具是木家具的一种，在使用过

程中，保养很重要，保养得当，一套家具用几十年不成问题。

精品欣赏

星号咖啡桌。德国产品设计工作室 Ding 3000 为丹麦家具厂商诺曼·哥本哈根（Normann Copenhagen）设计的星号咖啡桌灵感源于古老的木制立体拼图，设计师们在玩拼图时发现拼图之间的结合方式完全可以用到桌子腿上。星号桌子由一个玻璃桌面和三条橡木桌腿组成，每条腿的中间部分有镂空，可以像立体拼图那样紧扣在一起，像是一个牢牢的结。桌子组装十分简单，无需螺丝和任何工具，只要把腿搭在一起，然后放上玻璃桌面即可。设计师表示之所以采用玻璃桌面，是为了让人们把焦点放在三条桌腿交叉的位置，因为三者看上去以一种不可能的方式结合在一起，给人一种神秘感。桌面和桌腿有多种颜色可选。

回形针咖啡桌。华沙产品设计师扬·科汉斯基（Jan Kochanski）设计了一款回形针咖啡桌，灵感源于夹纸用的回形针。桌子由橡木桌面和一个钢管做成的支架组成，支架可以旋转，展开之后当作桌腿，桌面上面有一个开口，使用时直接把开口套在钢管桌腿上即可。

除了通常的功能外，桌子的上方有个无线摄像头，可以拍摄照片传至计算机，记录桌面上发生的活动，并自动上传到用户自定的社交网站。

"Delen Table"。 大卫·福兰克林（David Franklin）设计的"Delen Table"用橡木制作。

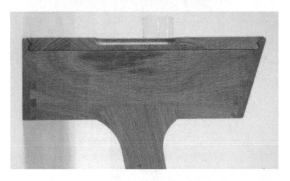

"Quello" 橡木靠墙桌。 英国家具设计师菲尔·普罗克特（Phil Procter）设计的一款叫作"Quello"的橡木靠墙桌，以相互连接的双腿支撑地面，并设有一个由水平方向打开的储物空间，以便在不影响桌面物品摆放的情况下收纳或取出存放物品。它还可以搭配一款同系列的三脚凳，作为写字桌使用，或者单独摆放在前厅或走廊作为临时便桌。

木纽扣椅。 荷兰设计师德波尔（Tjimkje de Boer）设计的木纽扣椅，灵感源于普通的纽扣，用橡木制作放大形状的"纽扣"，关键是纱线要手工编制，然后用环氧树脂浸泡定型。

在快节奏的现代社会，大多数人每天忙于工作，身心疲惫。回到家中，那些金碧辉煌的家具豪华炫目，却给人不自觉地带来紧张感。木制家具则不同，它可以让人身心归于平静，家具上的雕刻，如梅兰竹菊等花纹蕴含的寓意，也让人心动不已。灵动感十足的雕刻为木制家具增添了一份柔美，硬朗的线条与柔美的雕刻，两者统一协调。

三、软体家具

软体家具主要指以海绵、织物为主体的家具，主要产品包括沙发、床垫和其他软质坐、卧具。沙发是指以钢、塑、木等材料为支架，用弹簧泡沫或软质材料制成的坐具，其造型结构大致有软凳、软椅（房间椅、餐饮椅、办公椅、剧场椅等）、单人、双人、三人沙发、转角沙发、组合沙发、车船椅垫等。软体家具设计具有很强的灵活性，也具有很好的亲和力，令人们的物质生活变得更加舒适之余，全面满足人们日渐提升的精神生活需求。

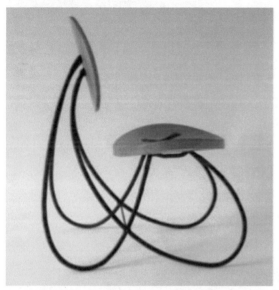

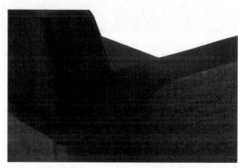

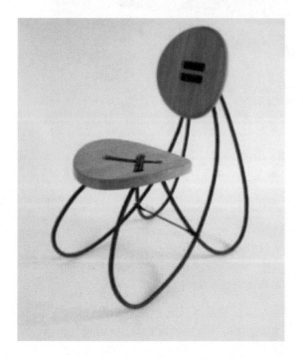

第五节 人体工程学

　　人体工程学是从家具设计如何适合于人体的角度出发，使设计更加合理，更适合于人的生理和心理，最大限度地增加使用者的舒适感、安全感，提高休息或工作效率，达到人与生活环境的和谐。现代家具设计特别强调人体工程学，家具设计在满足使用功能的同时，更要具备舒适度。在设计家具时，设计师会将尺寸放在首要考虑范畴，先了解人体的各部分尺寸，再根据人体各部分尺寸的测量数据进行设计，人在使用这样设计出来的家具时，才能感觉舒适。

衡量一个家具设计是否成功，人体工程学的运用是否得当是最主要的因素之一，如果家具设计不符合人体工程学的标准，这个家具就失去了意义。人体工程学需要遵守的原则如下。

1. 以人为本原则

以人为本的人性化设计思路是指，在家具设计中体现以人为本的设计原则，使家具设计的中心始终围绕使用者的需求，根据人类工效学、环境心理学、审美心理学等学科，科学地满足人们的生理、行为心理和视觉感受等方面的特点，从而设计出人性化的产品。家具设计的人性化设计主要指家具功能、尺寸、造型、材料和色彩的人性化等。对家具来说，最重要的是以实用为核心，舍弃华而不实的功能，主要考虑实用性、易用性和人性化。

2. 安全可靠原则

在性能指标中，家具设计应将安全性放在首位。要求使用可靠的同时，还应符合家具设计有关的安全标准，并在正常使用条件下有效工作，保证家具正常安全使用，质量性能良好，符合安全第一的原则。

3. 标准性原则

家具设计方案应依照设计的有关标准进行，采用标准的人类工效学参数，保证不同家具的设计依照不同的标准，确保其符合设计的标准性。

4. 方便性原则

遵循人体工程学要考虑家具在居室空间摆放的位置，并体现方便性，考虑安装与维护的方便性。例如，贮物柜取放物件应便捷有序，老人或者小孩的房间安装或放置家具时，都应该充分考虑到方便这一原则。

家具设计还应具有充分的可靠性、先进性以及一定的灵活性，使之能够充分满足新时代居室空间的需要。

一、触点表现

触点是指人的肢体点的尺度和形态特征，这里指以正负形的吻合关系设计产品的触及面，如座椅面、靠背面等，如下图座凳设计，椅面的设计运用与触点形体吻合的线形，另外再结合具有弹性的材质，触点的表现就显得更加恰如人意。

二、尺度表现

尺度一般表示物体的尺寸与尺码，这里是指人肌体的不同尺度在和产品应用发生关系时，需求在产品尺度表现上得到充分满足。例如，台灯支杆的长度与桌面大小尺度，灯罩的高度、投射角度与桌面的可视面积，再如吧椅的高度等，都从尺度的表现上展现着满足需求的设计价值，如下图吧椅设计。

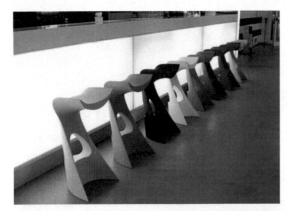

■ 三、幅度表现

    幅度是指人的肌体运动幅度和动作可变幅度，如人的五指运动幅度、胳膊以肘关节为节点运动的幅度。家具的构成形式在人的作用面上都具有一定幅度的运动和可变关系，依据人的特征设计结构，要以动态的人为基础进行设计，以最大幅度适应和表现人的活力。

各类家具设计的基本尺寸如下表所示。

衣橱	深度：一般 60~65cm；推拉门宽度：70cm，衣橱门宽度：40~65cm
推拉门	宽度：75~150cm；高度：190~240cm
矮柜	深度：35~45cm；柜门宽度：30~60cm
电视柜	深度：45~60cm；高度：60~70cm
单人床	宽度：90cm，105cm，120cm；长度：180cm，186cm，200cm，210cm
双人床	宽度：135cm，150cm，180cm；长度：180cm，186cm，200cm，210cm

圆床	直径：186cm，212.5cm，242.4cm（常用）
室内门	宽度：80~95cm；高度：190cm，200cm，210cm，220cm，240cm
卫生间门、厨房门	宽度：80cm，90cm；高度：190cm，200cm，210cm（常用）
窗帘盒	高度：12~18cm；深度：单层布12cm；双层布16~18cm（实际尺寸）
沙发单人式	长度：80~95cm；深度：85~90cm；坐垫高：35~42cm；背高：70~90cm
沙发双人式	长度：126~150cm；深度：80~90cm
沙发三人式	长度：175~196cm；深度：80~90cm
沙发四人式	长度：232~252cm；深度：80~90cm
小型茶几	长方形：长度60~75cm；宽度45~60cm；高度：38~50cm(38cm最佳）
中型茶几	长方形：长度120~135cm；宽度38~50cm或者60~75cm
大型茶几	长方形：长度150~180cm；宽度60~80cm；高度33~42cm(33cm最佳）
圆形茶几	直径75cm，90cm，105cm，120cm；高度33~42cm
方形茶几	宽度90cm，105cm，120cm，135cm，150cm；高度：33~42cm
书桌	固定式深度45~70cm(60cm最佳）；高度75cm 活动式：深度65~80cm；高度75~78cm 书桌下缘离地至少58cm；长度最少90cm(150~180cm为佳）
餐桌	高度75~78cm，西式餐桌高度68~72cm； 宽度：一般方桌宽度：120cm，90cm，75cm； 长方桌宽度：80cm，90cm，105cm，120cm； 长度：150cm，165cm，180cm，210cm，240cm； 圆桌：直径90cm，120cm，135cm，150cm，180cm
书架	深度25~40cm(每一格）；长度60~120cm 下大上小型书架：下方深度35~45cm，高度80~90cm

人体工程学是探讨环境、物品和人三者之间的工作效能和合理性的一项研究门类，合理而高效地创造室内空间，首先需要注重人体尺度与设计的关系。人体尺度是指人体及其运动所需要占用的空间大小，其中也包含为了完成各种活动的3D空间尺寸。因此，在室内设计时不仅要考虑站、坐、躺时的静态尺度，还要考虑在如开门、走动、取物等运动状态时的相关形体特征和占用空间尺度（见下图）。因此，在对室内空间利用时需要充分考虑人在各种活动状态时的空间占用情况。

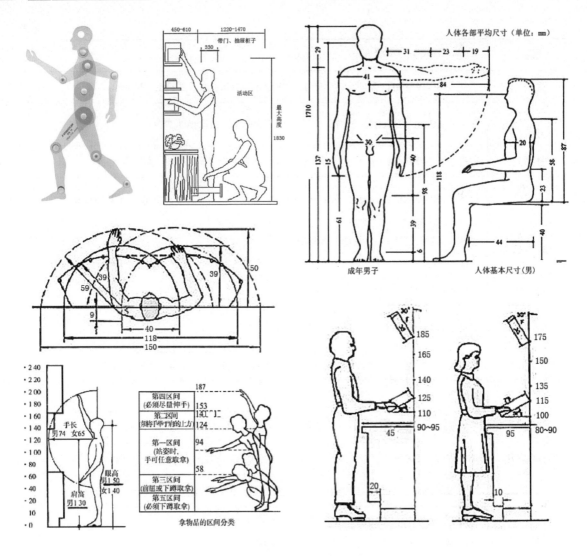

第六节　风格

一、北欧风格

　　北欧风格就是将艺术与实用结合起来形成的一种更舒适更富有人情味的设计风格。它改变了传统北欧过于理性和刻板的形象，融入了现代文化理念，加入了新材质的运用，更加符合社会的需求。所以，近年来北欧风格越来越受到广泛欢迎。

二、新古典风格

新古典风格是经过改良的古典主义风格。从简单到繁杂、从整体到局部，精雕细琢，镶花刻金，都给人一丝不苟的印象。保留了材质、色彩的大致风格，可以很强烈地感受传统的历史痕迹与浑厚的文化底蕴，同时又摒弃了过于复杂的肌理和装饰，简化了线条。无论是家具还是配饰均以其优雅、唯美的姿态，平和而富有内涵的气韵，描绘出居室主人高雅、高贵的身份。

■ 三、新中式风格

新中式风格是以宫廷建筑为代表的中国古典建筑的室内装饰设计艺术风格，气势恢弘、壮丽华贵、高空间、大进深、雕梁画栋、金碧辉煌，造型讲究对称，色彩讲究对比，装饰材料以木材为主，图案多龙、凤、龟、狮等，精雕细琢、瑰丽奇巧，融合了庄重与优雅双重气质。

■ 四、东南亚风格

东南亚风格是一种混搭的风格，不仅仅和印度、泰国、印度尼西亚等国家的风格相关，还以东方文化里那种说不清道不明的神秘感融合起来，就像是一个调色盘，把柔媚和雅致、精致和闲散、华丽和缥缈、绚烂和低调等风格调成了一种沉醉色。

■ 五、田园风格

田园风格包括韩式田园、英式田园、美式田园、仿古田园。

韩式田园：显著特征就是小巧，线条较直。

英式田园：较多使用曲线、雕花，其款式较大。

美式田园：造型结构多用直线条，其款式较大，多采用做旧处理。

仿古田园：使用开放油漆，表面能看到木材的纹理，颜色做旧处理，表达那种厚重感，款式也较大。田园风格有的采用多种颜色擦色处理，颜色上得很薄，露出木纹，甚至刻意破坏表面和油漆。

第七节 结构

■ 一、榫卯结构

榫卯，是在两个木构件上所采用的一种凹凸结合的连接方式。凸出部分叫榫（或榫头）；凹进部分叫卯（或榫眼、榫槽），榫和卯咬合，起到连接作用。这是中国古代建筑、家具及其他木制器械的主要结构方式。榫卯结构是榫和卯的结合，是木件之间多与少、高与低、长与短之间的巧妙组合，可以有效地限制木件向各个方向的扭动。最基本的榫卯结构由两个构件组成，一个的榫头插入另一个的卯眼中，使两个构件连接并固定。榫头伸入卯眼的部分被称为榫舌，其余部分则称作榫肩。

榫卯结构广泛用于建筑，同时也广泛用于家具，体现出家具与建筑的密切关系。榫卯结构应用于房屋建筑后，虽然每个构件都比较单薄，但是它在整体上却能承受巨大的压力。这种结构不在于个体的强大，而是互相结合，互相支撑，它也就成了后来建筑和中式家具的基本模式。

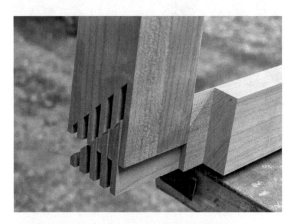

红木家具与榫卯结构

有两件东西被海外华人视为国粹，一是京剧艺术，二就是红木家具。中国传统家具自明末进入技艺巅峰。此后代代相传，绵延至今，如今中国传统家具文化已成为世界文化遗产的一部分。中国传统红木家具的灵魂就是榫卯结构，整套家具甚至整幢房子不使用一根铁钉，却能使用几百年甚至上千年，在人类轻工制造史上堪称奇迹，这正是海内外人士追捧这种传统的民族制作工艺的原因。

1．榫卯结构历史悠久。榫卯结构作为中华民族独特的工艺创造，有着悠久的历史，研究发现，早在河姆渡新石器时代，我们的祖先就已经开始使用榫卯了。中国传统家具（特别是明清家具）之所以能达到今天的水平，与对这种特征结构的运用有直接关系，也正是这种巧妙运用提升了中式家具的艺术价值，为国外家具和建筑艺术家们所赞叹。

2．榫卯结构组合的家具比用铁钉连接的家具更加结实耐用。首先，这种组合可有效限制木件之间向各个方向的扭动，而铁钉连接无法做到。例如，用铁钉将两根木枨做 T 字型组合，竖枨与横枨很容易被扭曲而改变角度，而用榫卯结合，就不会被扭曲。其次，金属容易锈蚀或氧化，而真正的红木家具可以使用几百年或上千年。例如，许多明式家具距今已有几百年，虽显沧桑，但木质坚硬如初；如果用铁钉组合这样的家具，很可能木质完好，但由于连接的金属锈蚀、疲劳、老化等，而使家具散架。

3．榫卯结构的家具便于运输。许多红木家具是拆装运输的，到了目的地再组合安装起来，非常方便。如果用铁钉连接家具，虽然可以做成部分的分体式，但像椅子等小木件较多的家具，就做不到拆装了。

4．榫卯结构的家具便于维修。纯正红木家具可以使用成百上千年，其间总会出现问题，如某一根枨子折断了需要更换等。如果家具用铁钉连接，做拆卸更换就没有榫卯结构家具容易。红木木质坚硬，而铁钉是靠挤和钻劲硬楔进去的，此过程极易造成木材劈裂；而使用榫卯连接红木家具，可以大大提升红木家具的内在品质，这也是传统工艺制作的红木家具具有增值和收藏价值的一个重要原因。

心灵手巧的艺人发明了不同的榫卯结构，用于家具的不同部位，保证了硬木家具框架结构的美观性和牢固性。这些榫卯结构设计得非常科学，每一个榫头和卯眼都有明确的固定锁紧功能，能在整体装配时发挥作用，只要做工准确精细，榫卯之间是滑配合，家具就会非常结实牢固。另外，在家具的外表根本看不见木材的横断面，只有凭借木材纹理的不同通断，方可看到榫卯之间的接缝。这些工艺精巧的榫卯结构，构成了中国传统家具的工艺特色。

抱肩榫。抱肩榫是有束腰家具的腿足与束腰、牙条相结合时使用的榫卯结构，也可以说是家具水平部件和垂直部件相连接的榫卯结构。抱肩榫是结构复杂的榫卯结构，用于解决腿足与面板、腿足与束腰、腿足与腿足之间的连接。以有束腰的方桌为例，腿足的上端，做出两个相互垂直但不连接的半榫头，这是与桌面相连的。在与束腰相接的部位，做出 45 度的斜肩，并凿三角形榫眼，以便与牙条 45 度的斜尖及三角形的榫舌相接。斜尖上留上小下大、断面为半个银锭形的"挂销"，与开在矛条背面的槽口套挂。明及清前期的有束腰家具，牙条与束腰是用一块独木做出的，凭此挂销，可使束腰及牙条和腿足牢固地连接在一起。这是抱肩榫的标准做法。清中期以后，抱肩榫的做法就开始简化，挂销省略不做，为了省料，牙条和束腰也改为用两块木条单独制作。到清代晚期，抱肩榫的做法进一步简化，连牙条上的榫舌也没有了，只用胶粘合，桌子的牢固程度大大降低。

使案面和腿足的角度不易变动，并能很好地把案面板的重量分散，传递到四条腿足上来。

霸王枨。霸王枨是用于方桌、方凳的一种榫卯，也可以说是一种不用横枨加固腿足的榫卯结构。在制作桌子时，为增加四条腿的牢固性，一般要在桌腿的上端加一条横枨。但有时要制作造型清秀的桌子，会嫌四条横枨碍事，但又要兼顾桌子牢固，于是就可采用"霸王枨"。霸王枨为 S 形，上端与桌面的穿带相接，用销钉固定，下端与腿足相接（位置在本来应放横枨处）。枨子下端的榫头为半个银锭形，腿足上的榫眼是下大上小。装配时，将霸王枨的榫头从腿足上的榫眼插入，向上一拉，便勾挂住了，再用木楔将霸王枨固定住。

插肩榫。插肩榫是制作案类家具的榫卯结构。腿足顶端有半头直榫，与案面大边上的卯眼连接；腿足上端的前脸也做出角形的斜肩；牙板的正面也剔刻出与斜肩等大等深的槽口。装配时，牙条与腿足之间是斜肩嵌入，形成平齐的表面。当面板承重时，牙板也受到压力，但可将压力通过腿足上斜肩传给四条腿足。

夹头榫。夹头榫是制作案类家具常用的榫卯结构。腿足在顶端出榫，与案面底部的卯眼结合。腿足上端开口，嵌夹牙条及牙头，故其外观腿足在牙条及牙头之上。此种结构，是利用四足把牙条夹住，连接成方框，上承案面，

棕角榫。棕角榫因其外形像棕子角而得名，从三面看，角线都是 45 度的斜线，又叫"三角齐尖"，多用于框形的连接。另外，明式家具中还有"四平式"桌，其腿足、牙条、面板的连接均要用棕角榫。

栽榫。栽榫又叫"桩头""走马销"，是一种用于可拆卸家具部件之间的榫卯结构。由于要拆卸，榫头易磨损，甚至损坏，出于维修方便的原因，也避免因榫头损坏而使家具部件报废的情况，一般都采用另外一种木料来制作榫头，然后将榫头栽到家具部件上。栽榫多采用挂榫结构。罗汉床围子与围子之间及侧面围子与床身之间，多用栽榫。

楔钉榫。楔钉榫是用来连接圆棍状或带弧形的家具部件，如圆形扶手的榫卯结构。虽然是两根圆棍各去一半、做手掌式的搭接，但每半片榫头的前端，都有一个台阶状的小直榫，可插入另一根上的凹槽中，这样便使连接处不能上下移动。然后在连接处的中间位置凿一个一端略大的方孔，再做一个与此等大的四棱台形长木楔，将它插入方孔后，便能保证两个小直榫不会前后脱出。制作圈椅的扶手、圆形家具都要用楔钉榫。

暗榫。两块木板两端对接，使用燕尾榫而不外露的，叫"暗榫"或"闷榫"，是制作几、案、箱子之类必用之榫。

挂榫。挂榫属楔形榫的一种，榫头一边成斜面，眼口凿成同形，但需放长一倍凿直眼，榫头入直眼后拍进原榫眼，上提或挂拉都不能脱出，若拆装时可重新将榫头移入直眼探出。明清家具有不少都采用挂榫做法。因榫头实为装入的楔子，故又名"挂楔'，北方匠师叫"走马销"。

勾挂榫。榫眼做成直角梯台形，榫头也做成相应的直角梯台形，但榫头的下底面等于榫眼的底面，嵌入后斜面与斜面接合，产生倒勾作用。然后用楔形料填入榫眼的空隙处，再也不易脱出，故称作"勾挂榫"。

格肩。传统家具横竖材料相交，将出榫料外半部皮子截割成等腰的三角尖，另一料在榫眼相应的半面皮子同样割成等腰三角形的豁口，然后相接交合，通称"格肩"。

托角榫。角牙与腿足和牙条相接合，一般在腿足上挖槽口，与角牙的榫舌相接合，当矛条或面子与腿足相接的同时，角牙与牙条或面子都打榫眼插入桩头，故"托角榫"是一组榫卯的组合，不是指单一的构造形式。

长短榫。一般腿部与面子的边抹接合时，腿料出榫做成一长一短互相垂直的两个榫头，分别与边抹的榫眼结合，故称"长短榫"。因边抹接合用格角榫，抹头两边从打榫眼腿料出榫与大边出榫相碰，故只有长短榫才能牢固。

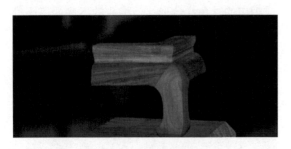

人们常见的家具产品多种多样，如桌子、椅子、书架等，但是它们普遍都是从工厂出厂后就是固定的结构，不能够改变。而现代人们追求的是物品的有效利用和空间的节省。针对这一点，日本设计师 Yota Kakuda 设计了一款可以通过榫卯结构把材料组装成各式家具的产品，这款设计，不仅提高了人们对物品的有效利用，而且也大大节省了人们的居住空间，例如，想用桌子的时候便榫卯成桌子，想用椅子时就榫卯成椅子，不用了还可以拆卸放在一边，省时省力。

■ 二、新型连接方式

当今时代，家具趋于多元化发展，家具的结构也趋向多样化，如下图所示。

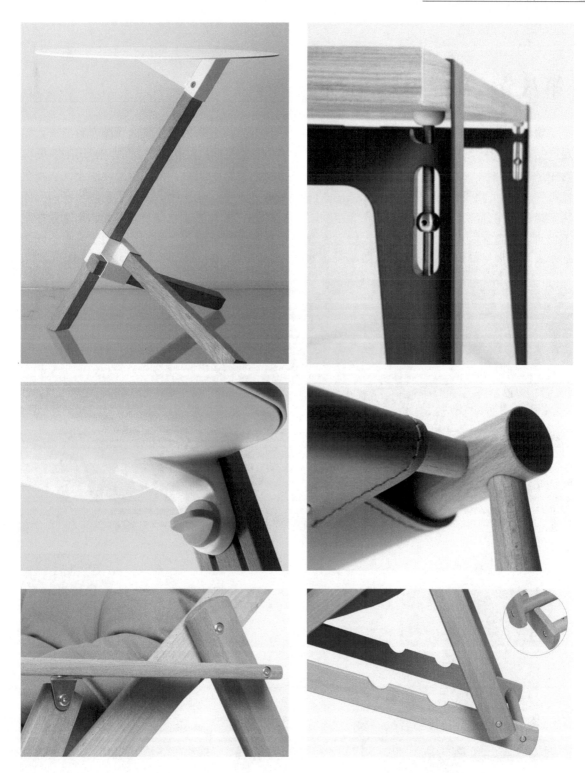

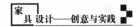

第八节　功能

　　功能是家具的基础，任何设计单元都从满足产品功能展开。家具的功能主要有以下三点。首先是基本功能，如坐、卧、躺、写字、操作、储藏等。其次，用于分隔空间。通过家具隔断，将室内的空间分隔为功能不一的若干个空间，不仅可以提高室内空间的使用效率，还可以增加室内空间的灵活性。家具的这种隔断方法不仅灵活方便，而且还可随时调整布置方式，丝毫不影响空间的结构形式。最后，用于组织空间。经过对家具的组织，可使较凌乱的空间在视觉和心理上变得有秩序。可利用家具将室内空间分成几个相对的独立部分。例如，用家具把室内空间分成起居、睡眠区，以组织人在空间内的活动，同时也组织了人流的活动流向。

　　家具功能随着人们的生活方式和需求产生，随着时代的发展，家具由单一功能向多功能多方向发展。例如，坐不是为了单纯的坐，还应考虑坐的过程、坐时的需求以及坐时的活动范围。

第九节　空间

　　每一个家具都独有一个空间，这个空间分为固定空间和活动空间。设计师通过家具使用过程的需求，寻找空间设计灵感。

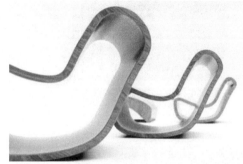

第十节　市场

　　设计利于实现企业的长远发展规划和形象的建立。产品是一个企业活动的核心，在企业的长远发展规划中，合理的设计管理可以促使产品的品质与生产符合企业自身特色，即在激烈的市场竞争中创立自己的品牌，建设自己的企业文化，树立自己的企业形象。纵观国内外的一些大型企业，之所以可以很快推出新产品并很快占领一定的市场，其主要原因就在于它们的新产品拥有延续性和系统性，即在新产品的开发和设计中，注重产品系列的特征。在企业的长期发展规划中，设计贯穿于新产品开发的整个过程，从市场分析到开发直至营销，并且产品的设计风格、方向直接影响企业文化和形象建设，所以合理的设计可以帮助企业建立一个规律化、具体化和丰富化的新产品开发战略规划，才能有机会把握潮流，使企业走在行业的前面。

国外知名家具品牌	简介
Hiromatsu（日本）	1988 年诞生于日本福冈，将日本传统工艺与现代设计融合。他们设计、制造的家具有很多传统日式风格的影子，提倡"怀恋旧日好时光"。追求原木材质，设计简洁，将实用性和设计美感融合
Ceccotti（意大利）	Ceccotti 是一个独特的艺术家具品牌，以高品质实木家具为主打，专注实木工艺技术研究，打造了一代又一代经典的家具。他们坚持用上等的木材，运用意大利独特的艺术美学设计，不论椅子、桌子或各种类型的家具，都充分地展现出 Ceccotti 对产品创造的那份细腻的审美与丰富的情感
Fendi Casa（意大利）	Fendi 的时装一向设计大胆，在家居用品上，同样能感觉到设计师的天马行空。1984 年，Fendi 开创了新的产品线——Fendi Casa，以家具为主，材料大量使用了皮草、皮革、绸缎，马鞍缝法的皮毛、流苏的皮革、印花的织物等是其造型上的特点。其精心的色彩搭配加上独一无二的外观设计使得每件家居产品既舒适实用，又具有独特、迷人的艺术气质
Baxter 贝克斯特（意大利）	一直排名在全球前十名的意大利顶级家具品牌 Baxter（贝克斯特）是一个以皮革为唯一制作原料的家具品牌，其一直非常强调使用最上乘的皮革，采用传统的纯手工工艺，注意每一个细节，个性化的时尚设计以及苛刻的多道甄选程序，确保了 Baxter 产品高贵不凡的品质
Savio Firmino（意大利）	水晶石、珍珠、石英、青铜、黄铜、红玉髓……Savio Firmino 喜欢追求不同的珍贵材质与木材的结合，为每一个细节选择最适合的材料。Savio Firmino 产品在视觉感官上不会给人带来硕大臃肿的感觉，所有家具都体现着浪漫的情调。其产品无论是在现代还是古典风格的装修格局中都可以找到一席之地
Ego（意大利）	EGO 品牌源于一个在家具行业有 40 年成功经验的公司，其凭借其张扬自我、演绎华贵的独特设计风格和手工制作，已成为意大利家具流行时尚的风向标。 在家具面材选择上选用橡木、铁和玻璃，由专业的技术工人制作特殊的面材，附在家具表面，与 EGO 的设计浑然一体，确保每件产品保持原汁原味的意大利风格
Kartell（意大利）	1949 年创立，曾被评为最具创意公司。其以塑料家具闻名于世，坚持品牌特质和极简风格，带动了全球对塑料家具新的认识和潮流
Andrea Fanfani（意大利）	一家在室内装潢家具和艺术品制造方面有着永盛不衰工匠传统的公司。该公司遵从古代意大利和佛罗伦萨木工和装饰学派的标准，使用至今几乎消失的工艺。严格按照古代意大利木工工艺和装饰传统，生产用于室内设计的家具和艺术品。这一独特的佛罗伦萨工序被称为镀金水粉画，完全通过手工完成，而且仅使用天然原料

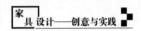

国外知名家具品牌	简介
Arflex（意大利）	一家一直坚持在设计领域进行突破创新的意大利公司，成立于1949年，当时被认为是意大利最具有现代设计感的公司。1950年前后，意大利的轮胎公司 Pirelli 开发了一种意大利语为"羽毛橡胶（gommapiuma）"的泡沫塑料新材料，Artflex 公司就设法通过设计，把这种泡沫塑料和具有伸缩性的合成化纤纺织品结合起来，于是，出现了"女士椅子"，奠定了该公司日后一直延续的设计和生产方向
Baker（美国）	Baker 家具现今采用的工艺可追溯到18世纪至20世纪美国的制造工艺。如同美国文化大融合，Baker 积极寻求突破的同时，也在重新采用那些旧大陆最精湛的工艺——拼接、雕刻、装饰木皮以及所有饰面手法，同时还积极探索新工艺和新技术
Porada（意大利）	意大利 Porada 家具设计，以典型的意式设计征服视觉，缔造优雅生活。Porada 专术椅子的生产和设计，对木头的加工独具匠心。一切设计只为追求极致舒适的坐感，注重沙发内每一支羽毛、每一块布料的选择，另外应用多项专有技术，产品具有无与伦比的舒适性，被业界称为最为舒适的意大利沙发。Porada 总是让世人感悟到家具艺术的纯正之美
Carpanelli 卡帕奈利（意大利）	成立于1919年，世界顶级意大利家具品牌，迄今为止已有近百年历史。卡帕奈利钟爱樱桃木、爱神木这些名贵的木材，运用薄木拼花的工艺展现家具的艺术魅力。通过世代传承的手工艺和独特的设计风格，卡帕奈利的家具像雕塑般充满艺术感，且每一件作品都能作为独具意义的艺术佳作而存在，这也使卡帕奈利一直在世界家具行业稳居前十的位置，获得了许多荣誉
Stvilla 塞特维那（英国）	进口家具奢华品牌，是专注于柚木家具研发设计的国际知名品牌。在质量方面，采用100%印度尼西亚原始森林老柚木，并使用传统的木材烘干技术，让家具的使用寿命更长久。塞特维那的家具被众多收藏家称作家具中的艺术品
Saana ja Olli（芬兰）	一对年轻的芬兰夫妇2008年创建了他们的品牌"Saana ja Olli"，专注于设计100%麻质产品，该纺织设计是传统的北欧风格，灵感来自于芬兰西南地区的传统工艺理念，添加自然的材料并精工细作，他们的设计无论对于视觉还是触感都是绝妙的设计体验
Yomei（德国）	Yomei 是德国 Schelbach Home（希尔巴赫家居）旗下的一个高端原木系列，演绎的是简约自然的设计风格

思考与练习

1. 分别用点、线、面、体的形态设计一组休闲座椅。

2. 寻找两种现代流行图案，并应用到椅子设计中。

3. 分析你身边的一款家具的人机工程数据。

4. 总结中国传统家具中材料的色彩数据。

5. 根据所学的家具结构知识设计一把座椅。

第三章

家具创意设计流程

第一节　调研分析

产品市场多种多样、千变万化，而消费者需求各不相同。首先，要对市场和环境进行调查研究，充分了解市场变化、供需关系、消费导向、流行趋势等，客观、科学地给予产品恰当、正确的定位。有了正确的产品规划，设计者和生产者的构思和计划才可能得到实现，也才能使企业在竞争中立于不败之地。现代家具的成功设计都是在充分的市场研究后确定了设计战略的基础上完成的。

市场调研的主要目的是为了了解消费市场的需求，使设计不断适应这些需求，从而使其不断赢得更多的消费者，提高市场占有率。市场调查包括三个层面，一是针对已经上市的产品，通过市场调查，了解消费者对现有产品设计的意见，以便据此对产品设计进行改进或再设计；二是探求市场现在和未来的需求状况，以便设计和开发新产品；三是在新产品小批量投产试销后，测试消费者的购买情况，了解产品的设计在消费者购买行为中所起的作用，了解消费者在使用过程中对产品设计的意见。上述调查可以为改进产品设计提供可靠的依据。然后探索产品化的可能性，通过发现分析潜在的需求，形成具体的产品面貌，发现开发中的实际问题点，把握相关产品的市场倾向，寻求差别化的方向和途径。

具体设计前要展开资料搜集。主要是了解被设计的产品的用途、功能、造型及使用环境等，了解产品制造单位的财力、设备、技术等条件，调查国内外同类或近似产品的功能、结构、外观、价格情况等，收集一切有关信息资料，掌握其结构和造型的基本特征，分析市场的发展趋势，调查和对比各类顾客消费各类产品的需求和消费心理、购买的动机和条件等。在此基础上，对这些资料和数据做出客观的分析和评估，并据此写出调查报告，交与企业的决策者，以供其制定新计划时作为参考。

市场调查按调查的主要内涵区分，可大体分为两个方面。一方面，偏重于收集各个方面的经济信息，如当前的国家经济政策对消费市场的影响以及市场营销方面的具体状况等，并根据调查得来的客观资料和数据进行宏观研究，预测今后消费市场发展的趋势。从这一角度进行市场调查，主要考虑的是产品"量"的问题，即偏重调查研究各类产品在消费市场中的占有量和未来市场的需求量等。另一方面，偏重于收集消费者对产品本身的意见，如对产品的质量和设计形式的意见，询问其对产品满意或不满意的原因，以便设计者和生产者根据这些意见，重新进行设计和生产，在满足消费者需求的基础上，进一步扩大产品的消费市场。从这一角度进行市场调查，主要考虑的是产品的"质"的方面，即偏重调查研究各类产品的质量、造型和色彩是否为广大消费者所喜爱，以便在重新设计和生产中，提高其产品的内在质量和外在形式的美观程度，使消费者更加满意和乐于购买，并通过产品的不断改进，提高消费者的生活质量，并满足其丰富的审美需求。

调研报告是在实践中对某一情况、某一事件、某一经验或问题的客观实际情况进行调查了解，将调查了解到的全部情况和材料进行去粗取精、去伪存真、由此及彼、由表及里的分析研究，揭示本质，寻找规律，总结经验，最后以书面形式陈述出来。调研报告的核心是实事求是地反映和分析客观事实。调研报告主要包括两个部分：一是调查，二是研究。调查，应该深入实际，准确地反映客观事实，不凭主观想象，应按事物的本来面目了解事物，详细地了解到材料。研究，即在掌握客观事实的基础上，认真分析，透彻地揭示事物的本质。至于对策，调研报告中可以提出一些看法，但不是主要的，因为，对策的制定是一个深入、复杂、综合的研究过程，调研报告提出的对策是否被采纳，能否上升到政策，应该经过政策预评估。

调研家具的市场需求以及家具的流行款式、价格成本等，应对家具市场有所了解，寻找设计出发点，例如，为谁设计、为什么设计、在什么环境下使用、什么时间使用等。

问卷调查，是询问者与被询问者之间沟通的手段，它体现的是人际交流关系，一份问卷不同于一张计算机资料库的检索单，后者体现的是人机对话关系，是单纯的信息交流，只要检索单没有写错并且资料库有这个信息，就会检索到所需的信息。而问卷的对象不是计算机，而是人，它体现人与人之间的关系，因而，问卷就不是单纯的信息交流，它还是复杂的心理交流和社会交流。一份问卷，即使问题没有出错并且被询问者脑中有这个问题的信息，也不能完全保证获得所需的信息，因为这里可能存在心理障碍或社会障碍。因此，问卷的设计除了要考虑信息交流的内容和方法外，还要考虑怎样克服心理障碍和社会障碍。问卷设计一般包括以下七点：①调研立题和设计的回顾；②问题内容的设计；③问题类型的设计；④问题措辞的设计；⑤问题顺序的设计；⑥问卷的装帧打印；⑦问卷的试答和修改。

第二节　创意思维

　　思维是人脑对客观事物本质属性和内在联系的概括和间接反映。以新颖独特的思维活动揭示客观事物本质及内在联系，并指引人去获得对问题的新的解释，从而产生前所未有的思维成果称为创意思维，也称创造性思维。它给人带来新的具有社会意义的成果，是一个人智力水平高度发展的产物。创意思维与创造性活动相关联，是多种思维活动的统一，发散思维和灵感在其中起重要作用。创意思维一般经历准备期，酝酿期，豁朗期和验证期四个阶段。思维可按以下几种方式分类。按思维内容的抽象性可划分为具体形象思维和抽象逻辑思维；按思维内容的智力性可划分为再现性思维与创造性思维；按思维过程的目标指向可划分为发散思维（即求异思维、逆向思维）和聚合思维（即集中思维、求同思维）；按思维过程意识的深浅可划分为显意识思维和潜意识思维等。

　　构思是指作者在写文章或创作文艺作品过程中所进行的一系列思维活动，包括确定主题、选择题材、研究布局结构和探索适当的表现形式等。在艺术领域里，构思是意象物态化之前的心理活动，是眼中自然转化为心中自然的过程，是心中意象逐渐明朗化的过程。形象设计从属于艺术的大范围之中，但有其鲜明的独特性。

■ 一、构思灵感的来源

　　形象设计构思灵感的来源各种各样，有"灵机一动、计上心来"的突发式灵感，有与设计本身不相干的事物把记忆中保存的某些信息诱发出来的诱发式灵感，有通过联想而达到由此及彼、触类旁通地解决问题的联想式灵感，有受提示和启发而产生新思想、新观点、新假设、新方法的提示式灵感等。形象设计并不是有了一个灵感，一切问题就都解决了。一个灵感一般只会解决一方面的问题。形象设计是由多方面构成的综合性设计，要逐步解决各方面的问题，就需要根据设计对象实际确定构思灵感。

1. 触发灵感

　　有些构思最初并没有十分明确的设计意向，而只是大脑处在设计思维的状态之中，"无心插柳柳成荫"的结果。这样的构思主要在于灵感的闪现。灵感是形象设计思维过程中经常遇到的思维现象，任何形式的形象设计都离不开灵感的促进作用。只是灵感可遇不可求，往往带有突发性、灵活性的特点，常常让人捉摸不定、难以把握。

2. 确定形式

　　最初的灵感出现以后，要找到相应的表现形式，从而为后发的灵感提供一条思维线索。

另外，灵感既有突发性，也有片面性。偶发的灵感大都需要调整和完善，还要深入地思考，才能应用到设计对象上。

3. 理性体验

在设计思维的深入阶段，构思更强调理性的参与。理性的认识和思考可以使构思更客观，更符合实际制作。只有这样，构思才不是幻想和空想，设计才能准确，效果才能合理、完善。

4. 感性回归

形象设计是艺术，是一门需要实际操作和实物制作相结合的艺术，因此，形象设计需要理性，更需要创造的激情，需要人的直觉和即兴发挥。在实际操作和实物制作过程中，设计的激情和情感或多或少要受到技能、材料和工艺手段的限制，但这并非意味要忽视人的情感。在设计构思趋向完成阶段，还应回到最初的感受状态中，回味一下当时的情境和情绪，以观察现在的设计是否表现出来。若与设想存有较大出入，就要探究一下原因，或者改用其他形式，重新构思。

■ 二、引发构思的过程

形象设计中引发构思的过程有目标定位、寻找切入点、充实细节、总体完善四个方面。

1. 目标定位

形象设计大都先要有一个大的目标、一个设计主题、一个设计意图或一个设计对象等。但这是一个大体的方向，对于形象设计的构思来说，首先要进行目标定位，即通过对主题、对意图或对设计对象的需要等已经掌握的诸多因素，进行详细的分析和研究，排除与设计无关的因素，缩小并划定一个较为具体的范围，使自己的思维变得清晰和明确。

2. 寻找切入点

切入点是构思的"落脚点"。它既是设计构思展开想法的起点，也是使抽象而空泛的思维转化为生动而具体的形象思维的突破口，也就是通常所说的"有想法了"。设计构思就能在这个"想法"的基础上，以点带面，铺陈开来。

3. 充实细节

找到了切入点以后，并不是明确了形象的全部，而只是有了一个点。要想完成整体形象设计构思，还需把点连成线，把切入点当作构思的起点，向着目标深入细致地把与点有关的事物串联起来，再把线变成面，就是由切入点展开联想和想象，把已获得的各种信息进行综合和加工，从而构造清晰明确的形象。

4. 总体完善

总体完善是指把思维的重点和构想的注意力，从各个局部细节转移到整体形象上来。再从整体着眼，重新审视各个局部之间的总体关系和所构成的总体效果。

■ 三、设计主题的确定

形象设计的思维是创造性的思维，形象设计必须新颖，否则就会被遗忘。如何创造新主题是每个形象设计师都要思考的问题，成功的设计应走在潮流的前面而不是随波逐流。要使作品充满活力和新意，就要求设计师更加注意对周围事物的观察，通过现象看本质，全方位的感受、体验、更新设计观念。形象设计要有它的时代气息，关键一点是如何用新的语言形式去表现。寻找源于生活和生活需求的设计通常可以利用以下4种渠道来收集新主题的素材。

1. 情感意念物态化

情感意念物态化是指以大自然的形象为素材，经提炼，在设计组合上利用自然物的音、义、形等特点，表达特定的情感意念，使自然形象的本来意义升华或变异，成为一种有意味的设计形式；以姐妹艺术（绘画、雕塑、建筑、音乐的形式以及花卉、景色、面料质地、性格的体现等）的感应，以及新材料的启迪为素材来获取灵感，以其相同的结构、同质同构或异质同构来获取创造源泉。其中，寓意、象征和想象是重要的表现手法。寓意是借物托意，以具体实在的形象寓指某种抽象的情感意念，象征则是彼物比此物的方法，想象是思想的飞跃，是感情的升华，想象使现实生活增加内容，使具象成为抽象。

2. 重构

重构是指打破一种和谐重新塑造一种新和谐。将事物各个部分打散，然后按一种新的秩序重新组合，使其成为一个新整体。

3. 民族形象的内涵

吸收复古的倾向和继承传统精华，使作品成为佳作或时尚。将中华民族中富有机能性的要素和独特的形象要素以及世界各国的先进因素吸收到所设计的形象中来，使自己的创造得到发展。

4. 文化、社会和科技的发展对审美观念的冲击。

这种线索常常隐藏于文学作品、哲学观念、美学探求等意识形态中。当"生命在于运动"的口号遍及天下时，运动形象、休闲形象就成为一种风尚，如此种种无不体现出创造需紧密联系时代。

▪ 四、设计构思的表达

形象设计是一个艺术创作的过程，是艺术构思与艺术表达的统一体。设计师一般先有一个构思和设想，然后收集材料，确定设计方案。其方案主要内容包括形象风格、主题、造型、色彩、材料、饰品的配套设计等。同时对内结

构设计以及具体的成型过程等也要进行周密严谨的考虑，以确保最终完成的形象能够充分体现最初的设计意图。设计者往往要画大量的草图进行方案比较。

坐在一滴水里……

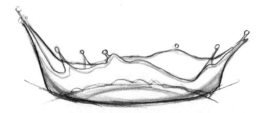

躺在水花四溅的涟漪中……

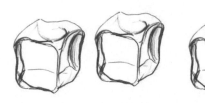

每一个冰块就是一个凳子……

躺在落叶中的感觉……

多功能折叠椅（简约现代）

360 度旋转底盘，灵活方便。

金属框架地盘，海绵填充，表面植绒布

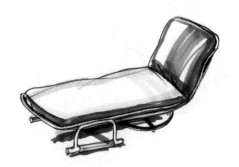

符合人体工学设计，折叠沙发靠椅床，随心所欲

折叠睡椅，折叠睡床，旋转椅，平铺 190cm×68cm

第三节 方案展开——效果图绘制

效果图是通过图片等媒介来表达作品所需要以及预期达到的效果，是通过计算机三维仿真软件技术来模拟真实环境的高仿真虚拟图片。效果图的主要功能是将平面的图纸三维化、仿真化，通过高仿真的制作，来检查设计方案的细微瑕疵或进行项目方案修改的推敲。效果图是最能直观、生动地表达设计意图，将设计意图以最直接的方式传达给观者的方法，从而，使观者能够进一步地认识和肯定设计理念与设计思想。

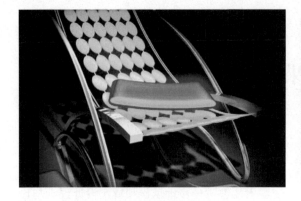

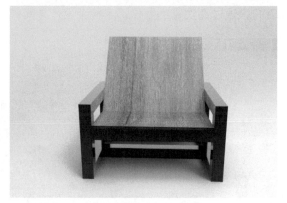
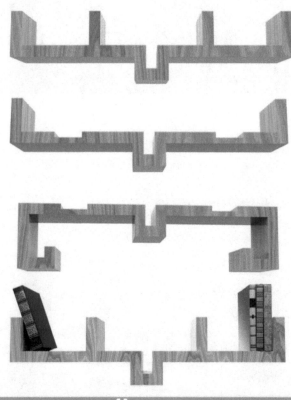

Horns

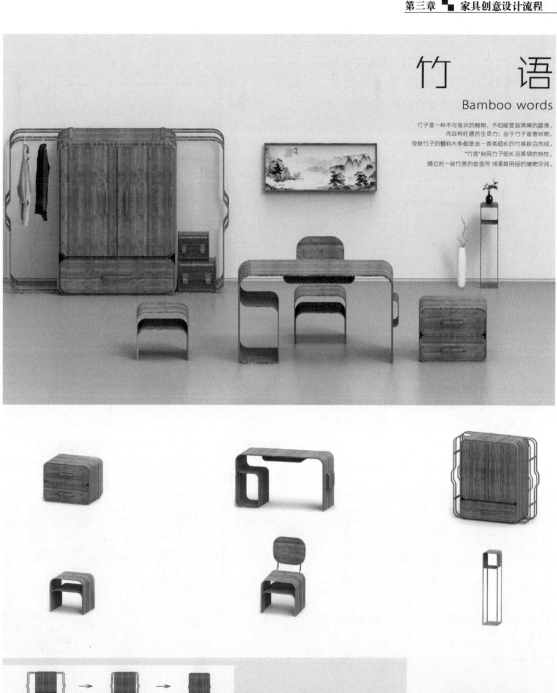

竹 语

Bamboo words

竹子是一种不可思议的植物，不但能营造诗意的氛围，而且有旺盛的生命力；由于竹子是管状物，导致竹子的板料大多都是由一条条细长的竹条胶合而成。"竹语"利用竹子细长且柔韧的特性，通过对一些竹条的弯曲形成家具用品的储物空间。

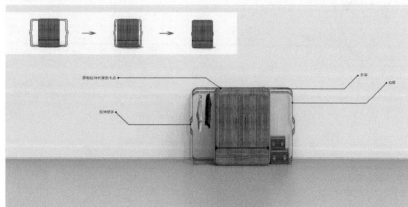

竹语的把手都是由一根单独竹条弯曲而成在利用材料特性的同时，又能使把手与产品融为一体

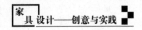

尺寸图是用图样确切地表示出家具的结构形状、尺寸大小、工作原理和技术要求等信息。图样由图形、符号、文字、数字等组成，是表达设计意图和制造要求并交流经验的技术文件。

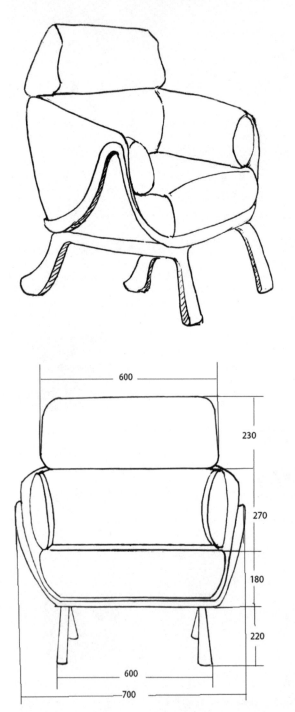

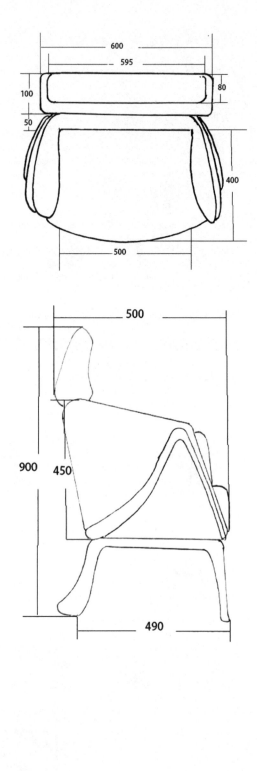

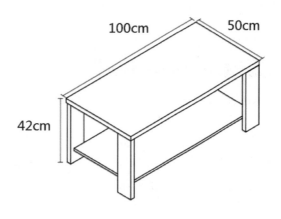

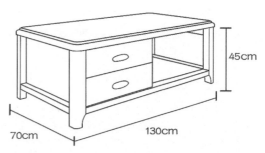

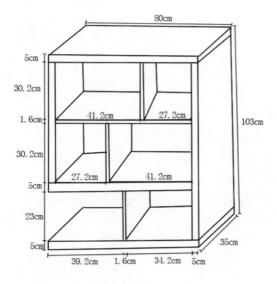

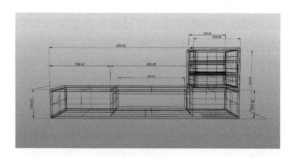

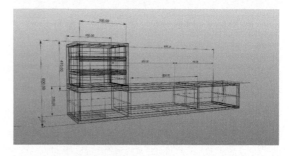

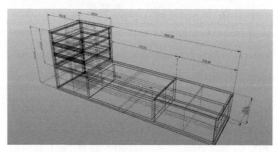

第四节　模型制作

模型是按照一定比例制作的实物微缩。模型是设计师传递、解释、展示设计项目、思路的重要工具和载体，是设计中的一种设计表达方式。设计师在承担某项设计的过程中，运用各种媒介、技巧和手段，选择立体的形式把自己的设计构思表现出来，以展示设计作品的一些性格及品质特征，是设计方案的一种设计形象载体。

模型最能直观地体现和表达出设计思想，模型的制作过程使设计思想更明了、更直接地出现在人们面前，是验证设计的科学性、合理性和可行性的一种较为直接和有效的方法或手段。

模型制作是设计师将设想与意图同美学、工艺学、人机工程学、哲学、科技等学科知识综合，凭借对各种材料的驾驭，用以传达设计理念，塑造出具有三维空间的形体，从而以三维形体的实物来表现设计构想，并以一定的加工工艺及手段来实现设计的具体形象化的设计过程。

模型制作是种体验，是设计者将设计构想以形体、色彩、尺寸、材质进行具象化整合的体验，也是交流、研讨、评估以及进一步调整、修改和完善设计方案的合理性的有效的实物参照。

家具模型制作在家具新产品开发中具有特殊的作用，是家具产品造型设计的重要阶段，是家具设计过程中的一项重要表达方式，是设计师按照自己的设计意图，制作表达出来的立体形象，能够有效弥补平面表达中不能解决的许多空间问题，使新产品更直观、更具体。

家具模型制作的程序、方法与过程，由于具有实体的可视化特征，可以对设计效果与设计的可行性进行评估或反复推敲。因此，家具产品模型制作也是进一步完善和优化设计的过程。

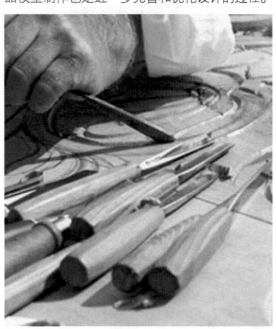

家具模型制作是在家具产品开发设计过程中将家具构思设计和家具深化设计的结果以三维立体模型的形式展示出来，作为直观了解和设计效果评判的依据，并提供给相关部门作为生产制造的依据，这就是家具三维立体模型制作。家具模型要求准确、真实、充分地反映家具产品的造型、材质、肌理、色彩等，并能解决与家具造型、家具结构有关的家具制造工艺问题。

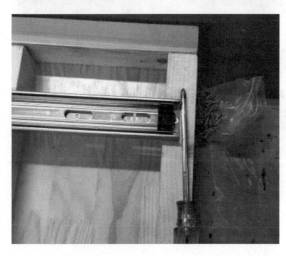

家具模型制作是产品设计过程中的重要环

节之一，相对于开模阶段来说可以使家具企业把风险降到最低，对把握新产品设计定型、产品的生产具有实际意义。

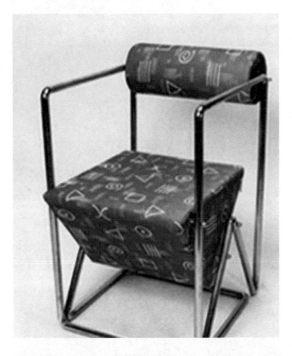

模型制作部分工具图例

1. 雕花锯（拉花锯）

2. 电圆磨

3. 压刨

4. 手持砂带机

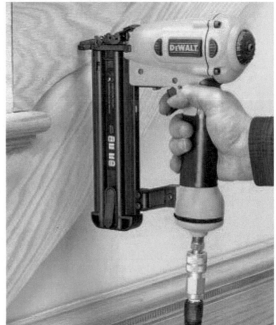

5. 射钉枪

6. 角磨机

8. 手电刨

7. 修边机

9. 台锯

10. 曲线锯

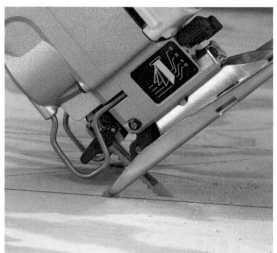

思考与练习

1. 对你熟悉的一款家具品牌进行市场调研。

2. 寻找设计灵感，勾画十种家居形态座椅草图。

3. 按设计程序，系统设计一款家居工作桌。

第四章
家具创意设计方法

第一节 仿生设计

大自然为设计师提供了现成的灵感，仿生设计主要是运用设计艺术与科学相结合的思维和方法，从人性化的角度，不仅在物质上，更在精神上追求传统与现代、自然与人类、艺术与技术、主观与客观、个体与大众等多元化的设计融合与创新，体现辩证、唯物的共生美学观。仿生设计是以模仿生物的特殊本领，利用生物的结构和功能原理来设计产品的设计方式，或者在对自然生物体（包括动物、植物、微生物、人类等）所具有的典型外部形态的认知基础上，寻求产品形态的突破与创新，强调对生物外部形态美感特征与人类审美需求的表现。

自然界是最伟大的造型师，其丰富的有机生命形态，有助于塑造造型设计的形式语言，使设计师能从这些精妙的有机生命形态中获取灵感，这一切使人的身心与自然界生命体的节律同构。仿生设计的应用，能够强化产品的动态美，突出产品的个性，增加人与产品之间的精神互动，使产品具有意象美和意蕴美。

一般的家具仿生设计是以模仿生物的形态、结构、质感与肌理、功能、色彩、意象等进行设计。关于家具仿生设计的创意举例如下。

这款名为 Bear Table 的桌子，一眼看去就像一个四脚爬行动物，它是设计师丹尼尔·李维斯·加西亚（Daniel Lewis Garcia）的一件仿生家具设计作品。当憨态可掬的北极熊与人们的日常生活用具联系到一起的时候，生活也变得多彩起来，这款富有趣味和创意的桌子的确迎合了很多年轻人的口味。

蜻蜓象征着自由、梦想、轻松。米兰设计师（OdoFloravanti）对蜻蜓情有独钟，设计了蜻蜓椅 (Dragonfly)，其外形神似蜻蜓体态，尾部翘起，四翼靠前，完全模仿了蜻蜓的自然形态。为了增强产品的质感，椅子的表面设计了特有的凸起和纹路，使产品更加富有设计感。设计师在椅子下面隐藏了特殊的 U 形结构，保证了它的牢靠。

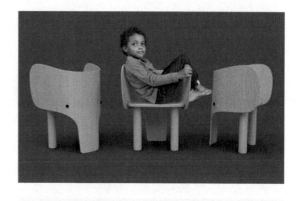

居住在法国巴黎的设计师 Mark Venot 为 3~10 岁的孩子设计制作了可爱的椅子，其为小象造型，山毛榉木材质，搭配小桌子，简约而又童趣十足。

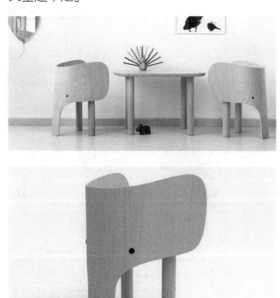

仿生设计学作为人类社会生产活动与自然界的连接，正逐渐成为设计发展过程中新的亮点。艺术设计领域的仿生设计兼具自然科学和社会科学的特点。无论人类社会发展到任何时期，自然生物始终是人类生存和发展所依附的主体环境，运动环境中的"仿生"意义始终左右着人类生存的品质。对家具设计而言，仿生设计主要具有以下几个方面的意义。

■ 一、提供语言符号

家具造型由一系列图形符号组成，这些基本的图形要素可以看成是一种语言，来传达设计师的思想。从早期的新艺术风格起，设计师就将家具看作自然界的一种有机体，具有像自然生物一样的生命力和成长过程。家具大量采用自然界花卉、草木、昆虫的形态和色彩，大大增强了家具的装饰性与表现力。

■ 二、拓展设计思路

设计需要不断地创新和突破，自然的多样性可以为设计师提供源源不断的灵感。我们不仅可直接借用自然的元素，还可以从中获得启发，找到新的设计方向。仿生学结合现代技术，成为拓展设计思路的有效方法，并巧妙地将自然法则运用于现代家具之中，可以产生许多有趣的设计。例如，北欧现代家具以具有人情味和生态性而著称。北欧地处北极圈附近，冬天漫长，黑夜漫长。由于这样的地理和气候特征，北欧人主要在家中与人交往。因此，北欧家具非常重视与人的亲和关系，强调"让线条带有一丝微笑"。

将家具与物象进行艺术形态的结合，这些形态仿生产品能够刺激消费者从不同的角度感受产品的艺术美感和自然气息。它们造型奇异、个性独特，有着旺盛的生命力和自然风情，能满足不同层次的消费者，以寄托他们对大自然的依恋之情。

抽象形态是以自然界的动植物为原型，经过反复推敲概括，剔除物象的具体细节，提炼出事物独特的个性特征的表现方式。这种形态表现方式冲破了传统家具的表现模式，以新视觉、新观念符号开创了仿生形态的构成。

从符号学的角度讲，设计师在创作时就是对艺术符号进行编码，并把其所要传递的信息凝结在产品的艺术符号系统中。欣赏和使用产品就是对艺术符号系统解码，并获得信息的重构。人们热爱自然，向往自然，大自然往往呈现的是具象事物或生物。家具设计是集功能、外形、材料、工艺等元素于一体的物体。这个物体需要为人服务，那么在整个使用过程中，需要对其进行设计、修正、归纳。不能把自然生物的形状完全移植过来，设计师需要考虑使用功能的实现，迎合人们成熟感官的需要，打造精炼的功能及造型，这就需要进行造型抽象。

1."整体"形态仿生设计方法

"整体"形态仿生设计方法，是指抓住生物的整体形象特征并为元素的设计方法。

例如这个毛茸茸的座椅，造型灵感来源于非洲大草原上的鸵鸟。柔软的座椅部分仿佛鸵鸟的背，而细长的金属支架则是鸵鸟的长腿。

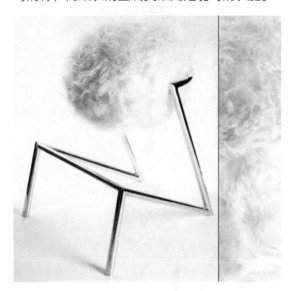

2."局部"仿生设计方法

局部仿生是目前应用最多的一种仿生设计方法，用此法进行设计时，仿生的主体往往是家具的某些功能构件，可以是台桌和椅凳的脚，可以是柜类家具的顶饰，也可以是床头板或沙发椅的扶手和靠背等。

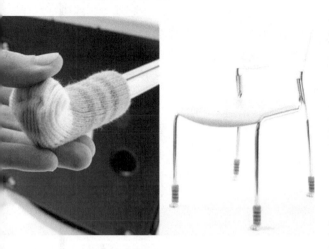

3."修辞"仿生设计方法

自然形态的某些特征（如声音、习性等）不能直接从其静态形态中被观察出来，因此需要通过比喻或象征的手法来进行描绘。例如，可以用形态的大小、起伏及长短的变化等表现声音的效果；用线的粗细、起伏、疏密等表现自然形态的运动变化；用同一形态的大小、数量的变化表现自然形态的生长节奏等。"修辞"仿生设计方法要求所使用的形态不仅要准确、贴切，而且还要完整、明确，力求用最简洁的形态予以表现。

■■ 三、现代仿生家具的流行趋势与未来

仿生设计界的大师路易·科拉尼曾说："任何设计都应该遵从自然界中的生物所展现在人们面前的事实，人们不应该忘记人类也是大自然中的一部分。"现代家具的仿生设计，趋于将自然界的形与色融于家具的造型以及各种软装饰品的外观与材质上，把人类对于自然的与生俱来的敬畏和依赖体现在家居生活的点滴之中。设计师将用崭新的理念努力为人们营造一个舒适的环境，让人们的身心得以放松，在家居设计中释放最真实的自我，享受无拘无束的自由生活。对身边一些简单的材料，经过智慧的组

合后再设计,就可以在朴素之中寻找到品质感,从而在家居的气场上表现出 种生活的轻松态度。尤其是在五花八门的合成材料的研制和使用方面,未来的仿生家具拥有广阔的发展空间。

多元化的现代社会需要多元化的家具设计,而大自然是个取之不尽、用之不竭的宝库,未来的家具设计必须以创意与革新为首要条件,唯有真正好用且务实的家具才能在市场上脱颖而出。材料上,现代仿生家具将较多使用石头、木头、水和自然光,但并不是拿来即用,而是用现代的仿生设计理念对其重新加工。在设计上,将会减少过度的形式感、冲击力和夸张的造型,让设计不着痕迹,无形之中让设计更加柔和,在更尊重生活的同时也更尊重人的感受。

第二节　多功能设计

家具由满足单一功能趋向多个功能服务,多功能设计是满足在特定环境下用户活动过程中的多种需求。

瑞典设计师 Ola Giertz 为家具品牌 Materia 设计的"相框椅(Frame)"像是一个超大号的相框,四条腿上面是一个大大的长方形框架,这是一款充满多种可能性的椅子。由于有顶、有"墙",这种椅子有多种使用方法:可以朝前坐、侧着坐,可以把椅子靠在墙上,甚至还可以把两把椅子并在一起坐。但是不管怎么坐,使用者都会处在相框中间的位置,是主角。此外,框架还可以起到隔音的功能,可以在框架里面好好休息。

意大利设计师 Eldabellone 和 Davide Carbone 设计的"elda 椅"不仅可以用作椅子，还能根据使用者及所处空间的需要折叠变形，作为活梯和储物柜使用。椅子上装有磁铁固定装置，可以将椅子定型。"elda 椅"由一系列可持续环保材料制作，包括实木板材和以水为基础的油漆罩面。座椅上还配有羊毛含量 100% 的护垫，当椅子折叠成梯子使用时可以防止产生划痕。

　　设计师 Julia Kononenko 带来了一个有趣的方案：在圆边的木质长方体中存储六个坐垫，木板本身也可以伸缩展开，展开时可以直接提供一个可供六个人吃饭或休憩的位置，收起来还可以当作沙发，并且完全不占地方。

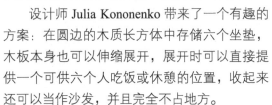

　　对于常常需要坐在电脑前的人来说，一个能够提供绿色生命且还能拥有一些收纳功能的桌面小物件是非常惹人喜爱的。来自乌克兰哈尔科夫的设计师 Julia Kononenko 便创作了这样一款名为"Eco pot"的桌面小盒子。

第三节 简约设计

Lars Tornoe 设计的 The Dots 挂钩具有橡木制的简洁圆润造型，不会让衣物在悬挂之后变形，使用者可以自行选择搭配的挂钩的大小和颜色，这颠覆了以往对衣帽架直线条造型的刻板认识。

造型回归本真的自然率性，满足最基础的居家体验，米色、白色等纯色的搭配令人感到温和而舒适，不哗众取宠，单纯凭借品质制胜。每一件家具都是独一无二的艺术品。

来自日本的家居品牌 RUG，融入了淳朴的自然元素，其简约的设计中透出率性的态度，温和的配色传递亲切的视觉感受。RUG 简约的

LOUNGE CHAIR 这款休闲椅最初的灵感来源于早期现代主义的两种标志性的椅子设计——曲木扶手椅和西班牙椅。Lounge Chair 将两者进行了有机结合，使其既有曲木椅的优雅简约，又有西班牙椅的舒适感受。

日本家具品牌 Chloros，一个新兴的日本家具品牌，其宗旨是"深思后慎选你最喜欢的，一辈子珍惜使用它"。将这一宗旨贯彻到品牌家具的设计中，就有了简约造型、天然材质的高品质家具及其简单平实的高品质设计。除了家具产品外，Chloros 还出品了各式杂货饰物等。

功能主义的 Afteroom 的椅子设计简洁美观。Afteroom 是位于瑞典斯德哥尔摩的一个设计工作室,其坚持简约与实用的设计理念,以"创造美丽的产品"为己任,创作出了众多高品质的设计产品。以下介绍 Afteroom 为丹麦家居品牌 MENU 设计的三款椅子产品。

Afteroom Chair。它是 Afteroom 工作室的设计项目,其外观简约而不失美感,秉持着功能主义的原则,将结构化为最简,将材料成本降到最低。橡木板和靠背通过弯曲的钢筋材料连接在一起,三条腿的设计让它更加结实稳固。

BAR STOOL 吧椅。Afteroom 酒吧椅在外观上简洁而具有创新性,在 Afteroom Chair 的基础上进行了加高设计,轻便、舒适、耐用,无论是在厨房、酒吧还是办公室,都能够发挥其功能并展现其个性。

"对比"无论是在材料、颜色还是外观上都有所体现。这款椅子以男性化和女性化的不同视角出发,以深蓝色和浅粉色作为双方的代表并形成对比,显示出平静优雅的外观。

Allround 扶手椅是瑞典休闲椅，Allround 系列是瑞典设计组合 Claesson Koivisto Runc 于 2004 年与意大利家具品牌 Fornasarig 合作推出的扶手椅系列，设计师细腻地处理每个细节，聚焦比例、线条与舒适度，完美结合了木匠工艺与现代工业技术。

丹麦经典家具品牌 Fritz Hansen 成立于 1872 年，以隽永、简约及内敛的北欧设计风格受到全球设计爱好者的喜爱与推崇。从纽约的现代艺术博物馆 (MOMA)、古根海姆博物馆、巴黎法国国家图书馆、澳大利亚悉尼歌剧院、日本东京国家艺术中心、哥本哈根丹麦国家美术馆等知名建筑中，都可看到 Fritz Hansen 这个品牌的身影。它不仅被社会名流视为顶级家居精品，更是全球艺术品收藏家所青睐的典藏珍品。

Fritz Hansen 的主要设计师 Arne Jacobsen 等人虽都已辞世，但他们生前的一些设计作品，包括著名的蚂蚁椅、天鹅椅、蛋椅和 Chair 7、PK8 座椅等，仍被尊奉为经典设计的代表性作品。Fritz Hansen 近年来与一些知名新锐设计师合作，亦成功地推出了许多备受业界与消费者肯定的作品。

Fritz Hansen 的所有产品均秉持以下四项设计理念。

原创 (Original)：不盲目追随潮流的独特原创设计。

纯净 (Pure)：形随功能的简约美学。

工艺 (Sculptural)：精雕细琢的形体美感与工艺品质。

恒久 (Timeless)：可经得起时间考验的经典美学设计。

　　继五年前的首次合作后，MINI 日前再度携手丹麦家具品牌 Republic of Fritz Hansen，推出了两款椅子。它们以丹麦设计大师 Arne Jacobsen 的经典之作 Drop Chair（水滴椅）为蓝本，融入 MINI 的内饰设计而成。软皮革、针织布料搭配柔软的填充物，提高了这两款椅子的舒适度。纤细的椅腿、清爽的色彩搭配及细致的缝合体现出 MINI 一贯的审美和工艺水准。

　　丹麦设计大师 Arne Jacobsen 设计的"Drop Chair"形似一滴泪水，流线优雅，得名"水滴椅"，其背部的设计恰如一个温暖的怀抱。目前，丹麦经典家具品牌 Fritz Hansen 首度将这种椅子正式投入生产线。之前，Drop Chair 仅有限量 200 把，供哥本哈根 SAS 皇家酒店使用。

　　JDS Architects 专为 Muuto 设计的 Stacked 陈列架，每个储存空间的大小都各不相同，可以存放各种大小的物品。

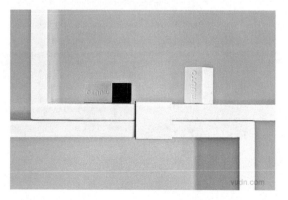

Idee 为东京最大规模的家具店之一，由黑崎辉男于 1982 年创立。初期的 Idee 主要引进一些较前卫和高水平的外国品牌。渐渐的，黑崎察觉到日本市场对新潮家具的接受程度，并且认为日本应该有自己的家具，于是在 20 世纪 80 年代末期，Idee 主要与一至两位设计师合作，生产具有日本现代风格的系列家具。

Upsido 复合式层柜，可以三个叠在一起，组合起来像高塔一样；也能分开配置于不同空间角落使用。

Hans Wegner 于 1944 年设计的 The China Chair，现在 Fritz Hansen 也在生产。

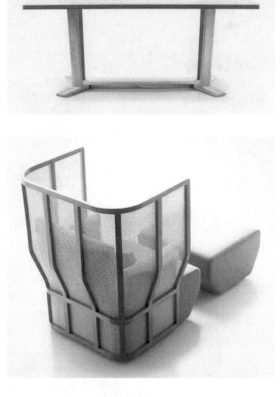

Pyrene 家具公司由来自法国南部的 Chaiserie Landes、LABARERE、 Gurea、 Alki、Bastiat 五家公司共同创建，致力于简洁亲和的家具设计，作品包括椅子、扶手椅、桌子和橱柜等，运用传统手工艺表达现代家具的风格。

北欧的家具设计是 20 世纪最重要的艺术源泉之一，涌现了许多家具设计大师，如 Peter Hvidt、Hans Wegner、Finn juhl、Verner Panton、Ame Jacobsen 等。北欧家具的人性化设计和精湛的手工技艺早已广为人知。不仅如此，那时候的北欧设计师大多奉行"平板包装"的理念，他们希望设计制造出来的家具可以完全拆解，并能以最精简的尺寸包装起来，方便运输，即以邮件包裹的形式寄送，而不用依靠大型运输工具。例如，丹麦设计师 Peter Hvidt（1916—1986）于 1961 年设计的柚木扶手椅，由 France and son 公司生产，扶手椅的各个部件通过内六角螺丝连接，可以自行组装和拆解。

日本设计师 Tomoko Azumi 设计的衣帽架，主体部分看起来好像是八根木头，实际上是用两根木头切出来的，构思非常巧妙。衣帽架的组件包装方便，而且尺寸很小。

头（wood）椅"，由制造商 gärsnäs 生产。这同时也是向 Thonet 214 曲木椅致敬的椅子。它的组成部件简洁轻巧，使用了蒸汽曲木技术制作，很容易拆卸并打包在一个很小的纸盒中。

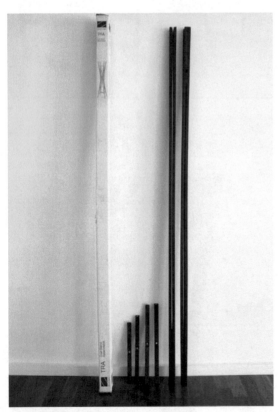

瑞典元老级设计师 Ake axelsson（1932— ）在 2010 年设计了他最广为人知的作品——"木

第四节　智能化设计

　　Atelier OPA 在 2010 年专为小型空间设计了名为 Kenchikukagu 的一组家具。这个系列的作品包括折叠卧床、折叠办公桌和移动厨房。该组家具在不使用的时候可以折叠成简洁且节省空间的柜子；需要时能拉伸或展开，形成小巧却齐备的功能空间。这样的多功能家具十分吸引人们的眼球，它小巧、功能多样、移动方便，这些特性成了未来家具设计的新要素。

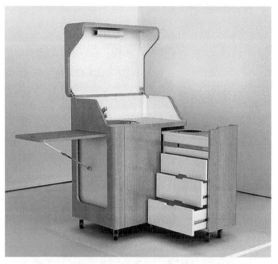

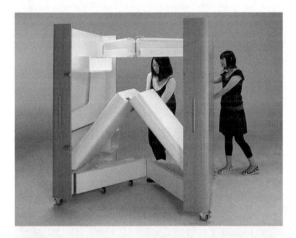

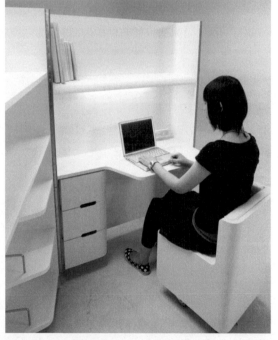

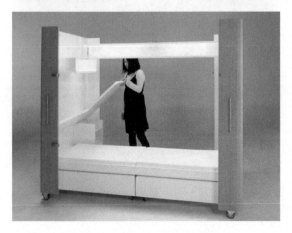

Laundroid 是日本企业松下的产品，可以自动整理衣服：将衣服放进去，衣柜可以自动折叠衣服并挂起来。不用任何多余的动作，甚至不需要按下任何开关，衣柜就会自动将衣服叠整齐。在博览会上，工作人员进行了一些展示，例如在衣柜中放入一件白衬衫，只需把它放进去，衣柜就会自动将它叠整齐；只要 39 分钟就可以除去衣物的褶皱、异味、潮气、细菌。它就像一个空调房，始终给衣物提供最佳存放的湿度及温度环境。在这个环境下，它甚至提供熨烫服务，熨完还会烘干。甚至有一个位置放香水，在最后的步骤喷少许香水，使每次从里面拿出的衣服都处在最佳状态。衣柜可以通过遥控、触摸、感应等智能方式开启，便捷省力，用手轻轻一按，衣柜门就能灵敏地打开。它安装简单，维护简便；只需轻触感应按键区，门就会缓缓打开，而且无论在通电还是断电情况下，门体都与普通门一样，可直接手动推开；在开合过程中，有移动的人或物出现在门体运行轨迹中时，门体遇阻能自动收回，安全防夹，实用可靠。

另外，衣柜还有感应玻璃灯层板、智能感应抽屉灯、感应挂衣杆灯。丰富多样的照明及其智能感应的开启方式，使找东西时可以看得清楚，衣服看起来也更漂亮，一天的好心情从打开衣柜找衣服开始。

衣柜还有指纹抽屉锁、隐藏式抽屉密码指纹保险箱、双重隐藏式密码保险箱。比起传统的衣柜配套密码箱，它们采用紧跟时代潮流的智能验证方式，安全性能更高，体验更好。其隐藏式设计也十分巧妙。

衣柜的智能系统还包括遥控式自动降衣柜、升降挂衣杆、触碰自弹式抽屉。穿衣环节之后就是化妆环节。为了解决化妆品过多、高高低低的瓶子乱放的问题，智能衣柜为每一类化妆品，如面霜、精华、粉底、眉刷等隔出专属的空间。另外，考虑到小孩子容易乱拿乱扔，智能收纳设计成自动收放的形式。要使用的时候

该空间降下来自动开灯，进入化妆模式，使用之后会升上去藏起来。

瑞士的巴黎高等洛桑联邦理工学院的研究者最近发明了一种能够相互拼接、自动变形和行走的智能家具 Roombots，给室内家具带来无限的可能性。该智能家具不是像乐高积木一样的简单拼接玩具，而是会动的智能设备，可以对这些"Roombots"发布语音命令，它们就能自动组装。变身成各种家具。每个 Roombots 都由两块内置电动马达的可旋转装置组成，两个 Roombots 之间通过接口相互拼接，并最终组成各种形态。与机器人相比，Roombots 更加灵活、实用。可以把一个组合成型的 Roombot 当作多种家具来使用，需要什么家具时只需变形，一个组合成型的 Roombots 可以被当作桌子、椅子、沙发、茶几等使用。目前 Roombots 还处在实验室阶段，科研人员还在改进其算法，希望能创造更好的用户体验。

Ori Systems 智能家具可以随意变形，因此能够充分利用居住空间。选购小户型后，人们会面临如何合理分配居住空间的问题：如何既

实现多功能性的区域划分，又不让空间显得拥挤。为解决小户型家庭的烦恼，麻省理工媒体实验室 (MIT Media Lab) 与设计师 Yves Béhar 合作，推出了适合大小为 19~28 平方米公寓的成套"变形"智能家具 Ori Systems，实现了卧室、客厅、衣柜及办公室的功能切换。他们设计的主要目的是创建一个可以将小型实验室或一室公寓转换成拥有多个房间的居住空间。要达到这个目的，需要将机器人技术、建筑与设计相结合。装置上的操控台均使用手动滑动式按钮。当移动这套家具系统时，其输出功率只有吹风机的四分之一。只需一个按钮，这套家具系统就可以像机器人一样"变形"，隐藏在衣柜下的床铺便能拉出或推入。柜子的一侧隐藏着一个媒体中心，而另一侧则是衣柜以及家庭办公用的折叠书桌。此外，这款产品的各项参数可以预先设定，如同时出现理想的灯光效果与办公空间，通过物理接口或手机应用进行调节。设计人员表示，他们采用了机器人系统技术及智能系统，使其能在办公室、酒店、教育机构或医疗机构等各种环境中使用。

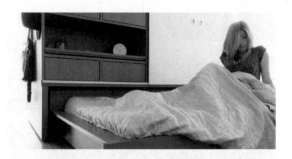

第五节 情感化设计

韩国设计师设计的 sunhan kwon 咖啡椅得名于椅子的形式感，它脱离了一般的对称造型，像一个碟子上的咖啡杯的剪影。"咖啡椅"有三种颜色，黑色代表的咖啡是 espresso，褐色代表卡布奇诺，白色代表拿铁。椅子的扶手不仅起到装饰作用，还很实用：可以挂手袋或上衣，而且不会滑到地上。

巴西设计师 humberto damata 围绕纬纱技术，设计制作了"cloud collection"，一系列彩色线条相互交织，创造了新的视觉印象和触觉体验。设计师的灵感来源于织物的图案——如何用三维的方式创造一种全新的条纹织物？这种编织技术曾用于多种物件上，如篮子和天然纤维，但都依照正交的网格排列方式。cloud collection 用一种不规则的形式取代了传统的交叉编织，创造了一种更加有趣独特的形式，布料上的细条纹印刷图案更是强调了这一特点。

Cloud Collection 编织家具均是手工制作，缤纷的色彩让人心生愉悦，独特的编织纹理让人眼前一亮。

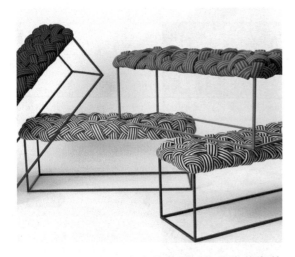

下图所示的鸟笼桌是由美国设计师 Gregoire de Lafforest 设计并制作的。它的外观非常别致，将鸟笼和传统的木质桌子融合在一起，鸟笼的主体部分挂在桌子下面，在桌子上打了三个圆孔并盖上玻璃罩，这样既不会让鸟飞出来，又给了鸟一定的自由飞翔的空间，还能起到展示作用。

Melanie Porter 女士是英国一位非常著名的女性设计师，她将现代的编织形式与传统的针织工艺相结合，并与许多国际知名品牌合作，设计出了很多不同凡响的创意家居产品。例如，穿上毛衣的椅子、带上毛线帽子的灯罩和各式各样的靠垫与饰品，看起来十分细腻又富有温暖的天然质感，除了它们本身的创意，这些用心编织的手工艺产品会让我们在寒冷的冬天有一种打心眼里暖洋洋的感受，是我们远离寒冷、打造现代家居生活的不二选择。

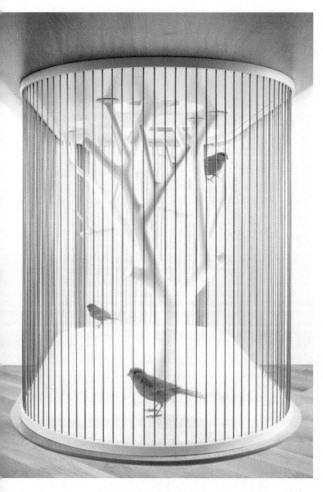

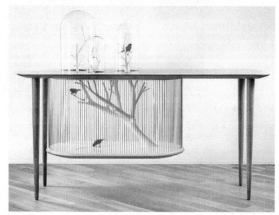

第六节 文化元素的融入

　　剪纸 (paper-cuts) 是中国最为流行的民间艺术之一，其历史可追溯到公元六世纪，人们普遍认为它的实际开始时间比这还要早几百年。剪纸常用于宗教仪式、装饰和造型艺术等方面。

　　有时在家居中融入一定的剪纸元素，也能让生活更有滋味。特别是过年时，自己剪纸或在家中融入剪纸元素，都能让空间充满活力。

家居中的青花瓷元素，美不胜收。

"彩云之南"的神秘纳西文化尤受人们喜爱。在很多纳西风情店中，各种极具民族特色的时尚饰品吸引消费者前往，店内既有纯手工制作并用重彩艺术的东巴挂件，又有以木材、泥陶、竹子、皮革为原材料，绘以神秘图腾的工艺品，在藏灯游离和纳西文化音乐的伴奏下，散发出特有的民族气息。家居视觉符号凸显迷人风情。把民族元素带进家居的装饰中，让人置身在迷人风情的国度里，成为新一代装饰新潮流。为满足现代人对异域风情的猎奇和喜爱，一些具有地域特色的壁炉、羊皮、铁艺或石磨制地砖等时尚元素，以及花草纹样绘制、传统方式编织、天然纹理质感符号开始出现在家饰品牌中。软装的家纺设计也踏上本土文化寻根之旅，例如，春夏新品就以"游园惊艳"为主题，配以国色牡丹、香水百合、水墨大丽花等传统文化花色和豹纹、斑马、飞龙等生灵形象，自然元素与经典国粹、水彩油画等艺术灵感巧妙融合。

中国风元素的饰品同样受到热赞，蜡染牡丹花、景泰蓝、云纹、青花瓷凸显文化底蕴。

文化元素，实验性地设计出了一系列颇具民族特色与现代个性的家具作品。

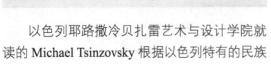

以色列耶路撒冷贝扎雷艺术与设计学院就读的 Michael Tsinzovsky 根据以色列特有的民族

第七节 绿色设计

■ ■ ■

夏日消暑的小妙招很多，可以将植物元素融入到家居产品的设计中，椅子、衣架、墙面、桌子、灯罩、茶几这些家里的常见物品，都在设计师的奇思妙想下变成了大自然里常见植物的变体，它们自然地"长"在家里，清风与凉意不招自来。

一张桌子也可以呼吸，而且是真正的绿色呼吸。伦敦的 JAILmake Studio 工作室赋予了家具新的自然属性，桌子的底部都是一小盆土壤，植物就从这里顺着桌椅生长开来。这个项目的桌子均是手工制作，坐在它的周围，一定会享受每一天变化带来的绿色乐趣。

由 Maria Westerberg 设计的座椅，有趣之处是让用者善用旧衣物和布料，使之变身成为椅子的"新衣"！当旧衣用旧了又可以换上其他衣物，环保亦为座椅带来新鲜感，意义相当不俗。

这把会长高的椅子像个精灵的宝座，外面是一个聚碳酸酯架子，里面种有植物。设计师 Michel Bussien 说："我们要想取得进步，就必须好好与周围的生物合作。应该将大自然与我们思维结合到一起。这样的话，我们人类改造自然的方式将有翻天覆地的好转。"

来自纽约和阿姆斯特丹的 haiko cornelissen architecten 事务所的荷兰建筑师 haiko cornelissen 最近设计了"picNYC"餐桌。餐桌表面上的草

皮让城市居民能轻松获得享受户外就餐的感受。这个超现实的家具设计可以根据使用者的需求在桌面上种植蔬菜或其他植物，并能自由改变形态和功能，同时，这个设计也反映了最近日趋流行的城市农业文化。

"picNYC"餐桌是用轻质铝框架制作的，桌面是一整块玻璃板，上面覆盖了泥土和石子，使用者可以自主的修整桌面草坪的形状。

水泥和木材是两种经济又环保的材料，在家具可持续设计中扮演着重要的角色。墨西哥设计师 Hector Leon 利用当地的天然水泥和新西兰木材设计了一张混搭边桌。工字桌面采用水泥浇筑而成，桌腿和支架则用木材做成，将桌面直接放在木头支架上即可使用，无需其他固定件和工具。简单，结实，经济，而又不乏现代感、潮流感和时尚感。

Maffam Freeform 是由拉脱维亚室内设计师 Raimonds Cirulis 创建的一个手工作坊，采用玄武岩纤维和环保树脂制作手工家具，独特之处在于玄武岩吸收各种有害射线，如紫外线、无线电、电磁、手机甚至地球的引力辐射和 X 射线。每种家具仅一件，纯手工制作，是名副其实的将科技和艺术合二为一。

美国设计师 rochus jacob 设计的一款绿色摇椅"murakami chair"，通过椅子摆动产生机械能，然后转变为电能储存在电池里，供应给 oled 灯，使得晚上能享受绿色环保的灯光。神奇的是，这个灯（实际上也就是图中的灯罩）可以感知白天和黑夜，如果是白天，它会把转化成的电能存在电池里，供晚上使用。

传统观念认为硬纸板是一种廉价的材料，硬度不够强，防水性差，不适合做家具。但实际上硬纸板也有自己的优势，并且随着全球资源紧缺现象的不断加剧，这个优势越来越明显。只要设计合理，处理好工艺问题，硬纸板同样可以做出结实、漂亮、轻盈、舒适的家具，并且环保。意大利设计师 Roberto Giacomucci 为 Kubedesign 设计了名为"纸板建筑"的一系列家具，所有家具均采用硬纸板做成，很难把它们和便宜货、弱不禁风等词联系到一起，相反，这些家具又轻又结实。

境的影响，FlexibleLove 完全采用工业用回收纸及碎木屑压成的木板为材料，并使用现有且成熟的制程来加工，同时拒绝对环境有害的添加物。

丝瓜络充满了密集的纤维，所以很多时候都会用来当作清洁用品。西班牙的设计师 Fernando Laposse 以它为原材料，进行产品的深度研发，设计了一组 foruler 系列家具用品，包括灯具，杯具，屏风，桌子等，虽不算很精致，但绿色环保，具有十足的田园风。

中国台湾设计师邱启审的实验性家具——FlexibleLove(可伸缩的情人椅)，FlexibleLove 是使用一种手风琴状的蜂巢结构，用各种可回收的材料制成的耐用家具。为了减少产品对环

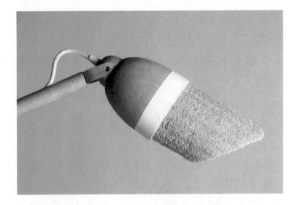

传统的户外家具制造的概念产品。设计师从环保的角度思考，现实中斯堪的纳维亚销售和使用的家具经常使用来自遥远国家的进口木材以强调其异国情调，它会产生大量的二氧化碳污染，或使用的材料都是非再生资源，因此在其生命周期对环境造成不必要的影响。"从灰烬到灰烬"椅子使用可再生的本地白蜡。

Ashes to Ashes Chair 设计师 Johanna Mattsson 设计了这款适宜气候的，代表斯堪的纳维亚半岛的历史与北欧家具的历史，代表北欧神话和

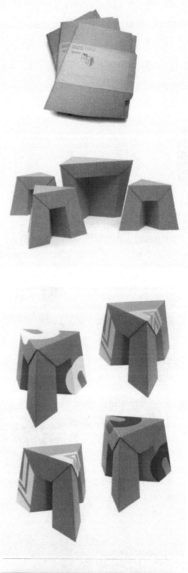

　　"纸老虎"是由全才设计师 Anthony Dann 设计的一款可打印、可进行品牌定制，而且非常结实的凳子。这款凳子采用普通的瓦楞纸制作，完全采用扁平化设计，运输和组装都非常简单，专为临时活动和产品发布会设计，也可以把它摆在家里、办公室或者咖啡馆，把它当作一件普通家具。它环保、简单、扁平化设计、结实、有趣，让人眼前一亮。

韩国设计师宋勇升 Seung Yong Songhas 设计的这款现代家具，犹如 3D Studio Max 里的框架线条，以木纤维材质配合特殊的工艺制作而成。环保、简洁的现代风格对于现代设计风格的住宅有着极好的兼容性。

印度尼西亚家具设计师 abie abdillah 的最新作品"doeloe lounge 椅"和"pretzel 长凳"。这两件家具作品都不约而同地使用了藤条作为主要材料，这是一种非常环保的材料，世界上现存种类有 600 多种；从美学角度上说，这种材料与竹子非常相似，但比竹子更加有韧性，也更易弯曲。

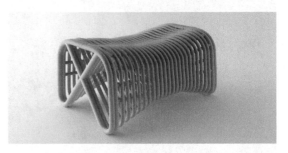

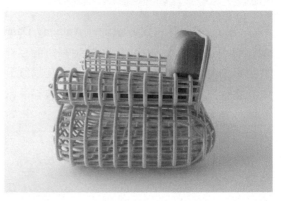

环保竹材制作的 Moebius 扭曲双扶手椅。Onyx 是 2007 年在泰国启动的家具设计项目，其主要目的是推广使用可再生材料和环保型技术来设计、生产家具，关注可替代传统的制造工艺，通过精心选择原料，控制它们的起源，寻找天然的染料产品，如用天然乳胶合成泡沫制作垫子，用天然材料如藤和水葫芦，给家具添加独特的自然触感。Moebius 的扭曲双扶手椅用天然的材质编织而成，看起来像大大的麻花，两个人坐下来背靠背。

英国设计师 jay Watson 将环保理念与艺术创作完美地融合，他把让人意想不到以及循环使用的材料(如袜子和报纸)应用在他的作品中，因而创造出了让人眼前一亮、仿似有新生命的个性家具。

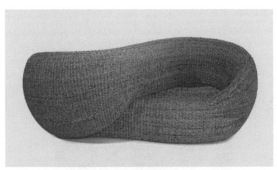

第八节　模块化设计

土耳其家具设计师 Cagri Demirbas 设计了一款名为 FLO 的模块化沙发，最小单位由两个可以插在一起的垫子组成，平放时可以当作一个单人床，组合起来之后，其中的一个垫子变成沙发靠背，另两个变成沙发座位。在不用的时候，可以将垫子收起来，节省空间。

Worknest，顾名思义，是为公司员工尤其是那些从事创意工作的人群设计的一套模块化组合家具，可以让人们根据自己的需求对工作空间进行定制。这套家具的主体是一张四周带

有凹槽的办公桌，以及一个用木条做成的带有滑轮的隔断墙。在使用时，可以把塑料挡板、壁挂式花盆悬挂在桌子或者隔断墙上面，从而打造一个属于自己的工作空间。当需要和同事交流时，把隔断和挡板挪开即可。

设计师是来自波兰的 Wiktoria Lenart。

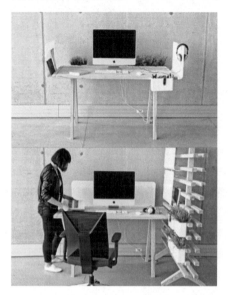

布鲁塞尔设计师 Raphaël Charles 设计的这款"多重（Multiple）"是一张采用模块化设计的桌子，整张桌子由若干根光滑榉木和永久磁铁做成的柱子组成，柱子之间通过磁铁相互连接。可以根据心情、需求和空间，像搭积木一样对柱子进行拼接，搭出任意形状的桌子，或者也可以把它分成几张桌子。极简、灵活、现代、充满乐趣，或许正是这张桌子能成为比利时皇家私藏家具之一的理由。

"oneness"，日本设计师 kyuhyung cho 和 hironori tsukue 联手设计的跨界模块化家具系

统，由两把椅子和一张茶几组成，椅子和桌子边上设计有插销孔，可以把它们堆叠组合起来，成为置物架，并且可以无限延伸。

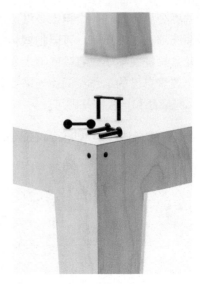

澳大利亚设计师 Amy Tang 设计的多功能凳，由澳大利亚设计师 Amy Tang 与 Woodmark 家具生产公司合作推出，是在多功能模块化家具设计趋势下的精心设计之作，结构坚固又新颖，采用的材料是人工种植松木材和精细纺织品，可以自由组合成各种造型，如何以组合成一款不错的茶几。

意大利壁柜制造商 fitting 在 2009 米兰家具展览会上展示了最新的模块化书柜，它整体为斜方格的形式，通过不同的组合可以形成多种形式不同规格的金字塔型书架。

瑞典设计师 Boris Dennler 设计了一款名为"柴堆（Wooden Heap）"的变形橱柜。正如

其名字所暗示的那样，这款橱柜从远处望去就像是一堆摆放整齐的木柴，采用模块化设计，由六个大小一样的抽屉组成。由于采用模块化设计，使用者可根据空间大小和自己的偏好随意摆放抽屉。它的灵感源于 18 世纪的五斗柜，但显然融入了更多现代化元素，将隐藏和发现惊喜的概念很好地融入到了家具设计里。"柴堆"橱柜已经成为伦敦 V&A 博物馆的永久展品。

俄罗斯女设计师 Olga Kalugina 为德国家具厂商海蒂诗（Hettich）设计的这款手风琴厨房折叠桌像一把中国的扇子，采用模块化设计，使用非常灵活，可以根据厨房空间大小做调整改变。拉开桌子，抽屉和中央模块之间有可以调整的三角形盒子，使这款桌子呈现出曲线或环形的状态。桌子里面都是可以储存食物的抽屉，盖子掀开能当作切菜的面板，而切好的菜就直接倒进盒子中。

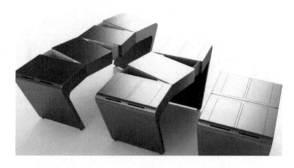

由设计师 Matthias Dornhofer 设计的名为 FREI RAUM 的家具产品将模块式的家具组合呈现到极致。

FREI RAUM 是一款可被定位在空间中，实现不同变化的柔性家具系统。它的主要功能就是通过可多次使用的单个元素，让家具重新组合。其灵活性可以充分适应不同类型的室内环境，同时为经常有搬家困扰的使用者提供了一个持久的解决办法。

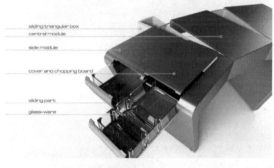

FREI RAUM 还是实现了与使用者建立情感联络的一个成功设计案例。除了空间上的完美适应性，它在功能上也是百变的。使用者可根据自己的喜好或情绪，将其作为书架、座椅、床、沙发、茶几等使用。在使用者让自己的想象力自由驰骋的时候，就已经对 FREI RAUM 建立了情感依赖。

FREI RAUM 是基于 60 cm×60 cm 的正方形元素实现搭配组合的，通过链或堆叠完成，后者则是由插头连接实现的。材料使用的是坚固橡木和由天然纤维制成的布套，造型简洁美观。

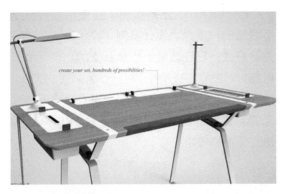

设计师 loehr 设计的 Tangram 是一个小边桌设计，灵感来自七巧板。Tangram 也是现在比较常见的模块化设计，通过简单的拼装将两件或多件家具更多的功能化，根据自身的空间改变家具的形状，使用者还能感受玩和互动的乐趣。此边桌有三种模块和多种颜色可以选择，根据自己的设计选择各种模块和颜色。

A2 的凳子与茶几模块化组合——Meet。该系列家具是来自瑞典斯德哥尔摩新锐家具品牌 A2 设计的"相遇"（MEET）系列，Meet 具有北欧风格、橡木框架结构、五角形凳 / 桌面造型，造型及结构一致，加上坐垫就是凳子，没有坐垫时可做茶几、边桌，随意组合，多种色彩，可以让空间明媚与缤纷。

匈牙利家具品牌 Hannabi 设计了一个以顾客为导向的模块化沙发。这个沙发可以分为一个全高度的功能沙发、两个座垫、一个床。沙发可以很容易地安排成两个单独的座位区，或叠成一个小单人床。橡胶接头可以使每一块组合在一起并保持稳定，也很容易分离或再次拼叠。设计师旨在使沙发尽可能轻，这种灵感来自日本的榻榻米。

LLSTOL。纽约设计师 Niko Klansek 用两块可拼合的木板作为组件，拼成座椅沙发，可以随意拆卸搬运，对折起来还可以搭成茶几，十分适合快节奏的小家庭。

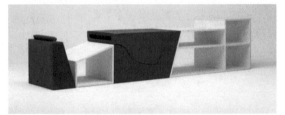

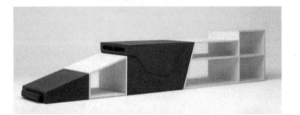

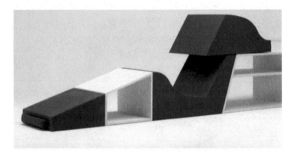

来自于意大利设计师 Raphael Di Biase 的模块化设计作品：多功能组合存储家具，由五个几何元素，包括两个中空的木结构和 3 个蓝色泡沫组件组成。各模块都经过严格计算，可以根据自己的实际需要随意组合，看书聊天尽享惬意生活。

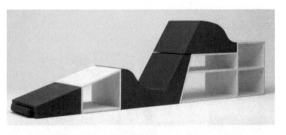

"vibrio"是一件模块化家具,灵感来自于在分子聚集中形成的很多不断变化的有机形状。这件家具借鉴对称的曼陀罗、cymatic 图像以及神圣几何学中所蕴含的治愈属性。作品内在与外在环境相呼应,展现现状,反映出生活不断变化的特性。

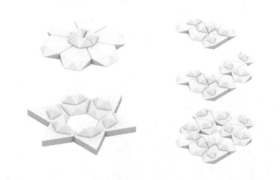

Alain Gilles 的"局部床",通过模块化床头把卧室变成屋中屋。一般而言,床及其周围的区域主要用于休息,因此有床的屋子一般被称为卧室。设计师 Alain Gilles 认为,床除了提供一个安身之地外,还应该有其他的功能。他为家具厂商 Magnitude 设计了一款"局部床(Area Bed)",用户可以通过这张床的床头把椅子、桌子甚至浴缸藏在床头后面。这张"局部床"采用了模块化设计,使用者可根据自己的需求,通过这些单元拼出自己需要的床头,把床头变成一个隔断。设计师在设计这张床的时候,考虑的不仅是现在的功能,而且还在考虑卧室能否发挥其他功能,如作卫生间、办公室、客厅用。因此,设计师采用了"屋中屋"的概念,通过模块化床板让用户自己对卧室空间进行分割,从而满足自己的需求。

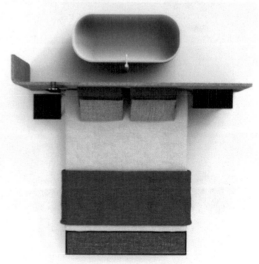

芬兰赫尔辛基的设计师 Joanna Laajisto 最近与家具品牌 Lundia 合作，带来了一系列模块化家具。它们的灵感来源于国际纸张尺寸标准——A3 的一半是 A4、A4 的一半是 A5。Joanna Laajisto 手工制作的这些储物盒略小于标准纸张的尺寸，但仍可以无缝排列、自由而规则地组合到一起。这些储物盒有薄荷绿、花灰、深蓝三色可选，可以为家居环境增添不少活力。这些储物盒构造简单，用手指勾住上面的圆孔就能打开。可以单独使用，也可以组合堆叠起来当架子储物柜，实用且灵活性非常高。

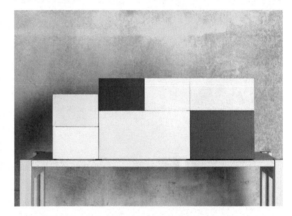

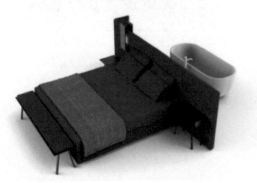

这套沙发和相配套的桌子组合是由 Marcin Wielgosz 设计的，采用模块化设计，每个模块沙发也能单独使用，最大的亮点是沙发缝和桌子的设计，可以根据使用者的需要将这套家具进行个性化和人性化组合。

只要将对应的胶合板进行简单的插接而不需要借助其他工具就可以把它构建好，这其中充满了创意和智慧。

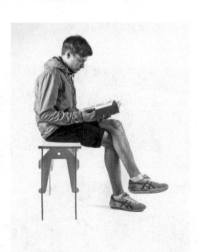

　　这款清新宜人的创意置物架的设计师是居住在美国佛罗里达州圣彼德斯堡的 Lesha Galkin。模块化是这款置物架的最大特点，它不但组装起来十分方便轻松，而且结实耐用，

年轻的新加坡设计师 JiaHao LIAO 最近推出了一个迷你作品集，包含多重配置和模块化的家具与配件。从传统的明代家具获得灵感，1+1+1 是多重配置的三个家具，由椅子、咖啡桌和凳子组合在一起。它具有流线型的形状和现代的线条，使用坚固的橡木在巴黎手工制作而成。

当人们为自己的新家选择家具和生活用品时，即便是提前量好了尺寸也难免会出现或大或小的情况，如果这些物品采用模块化设计，就可以避免这个问题。John Paulick 设计的 WineHive 是一款采用模块化设计的蜂窝酒架，整个酒架由单一的部件组成，六个单元组成一个六边形蜂窝孔。酒架采用回收的铝材制作，表面经过阳极化处理，富有光泽，另外，部件采用扁平化设计，非常便于运输。设计师建议最少用 12 个单元组成一个酒架，当然也可以量体裁衣，根据空间的大小增加或减少单元数量。

　　阿根廷的设计师 Geci 是一个辗转多地居无定所的人，她根据自己的生活经验打造了一套名为 LYNKO 的模块化家具，多种组合方式满足日常所需，不仅能在变化的房间中保留一份永恒不变，也减少了因为换房而带来的家具浪费。

　　设计师将可塑性极强的单元书架起了"单元图书馆"的名字，可见对其的希望。这些可以根据需要随意组合装配的书架单元采用全木设计，结构与小矮凳类似，但制成部件的下半部相较于与平面粘合的上半部要粗壮一些，这就保证了书架在组装时的稳定性。

思考与练习

1. 汲取大自然素材，用仿生设计方法设计一款家具。

2. 按小户型家居环境设计一款多功能家具。

3. 用废弃物设计一款家具。

第五章
家具创意设计实践

第一节 互动性主题——多功能家具

　　互动性家具一直是设计师们发挥灵感的主要载体，强调人性化和用户的主观能动性，充分考虑人与人、人与家具、人与环境、家具与环境之间的关系，互动性研究也是设计元素的关键研究。设计主题的确立以及设计风格的定位使设计构思得以逐渐展开。通过设计前的分析与思考可知，家具所具备的基本功能是设计展开前不能遗漏的关键部分，而每个人作为单独的个体，都渴望个性化，人们需要从更多不同的角度获得家具使用功能上新鲜的体验。因此，互动性的设计方案决定以自由组合的模块化家具的设计形式满足人们所需要的功能体验。

　　自由组合的模块化家具能够增加人与家具的互动，家具可以依照人们的喜好自由地拼接组合，在不同的空间中随着环境的转换自由组合出理想的造型以及适用的功能。在设计中融入互动式的感官体验，可以使人们在感受家具的同时，激发起其对于家具的思维和想象。灵活百变的组合能够适应不同人的需求，简洁之余还具备千变万化的惊喜，带给人们新鲜的感官体验。大部分人的生活空间都较为有限，模块化家具可以在有限的使用空间中让人产生无限想象，同时能提供更多的使用功能，更加充分地满足使用者多方面的感官体验。本次设计方案是以

一块木板为单位，灵活拼接，由此拓展出不同的家具组合形式。等边三角形是最稳固的三角形，并且使用的木板尺寸都相同，所以可以以等边三角形为基础模块，同时可以在三角形的各个承重点拧上锁扣，以增强家具的承重能力。

第二节　地域文化主题——椅子设计

　　文化是一种生活形态，设计是一种生活品位。富有文化内涵的产品是向民众传递文化精髓与产品理念的介质，彰显文化产品设计魅力。文化，是人类社会历史实践过程中所创造的物质财富和精神财富的总和。民族文化是各民族在其历史发展过程中创造和发展起来的具有本民族特点的文化，其中包括物质文化和精神文化。民族文化反映该民族历史发展的水平，也是该民族赖以生存发展的文化根基。民族文化具有一定的时代性和民族性，涉及艺术、道德、哲学、宗教以及文化的各个方面。民族文化是各民族人民在长期的历史发展过程中所创造、积累、传承的。

　　地域文化。地域文化是指文化在一定的地域环境中与环境相融合而打上了地域烙印的一种独特的文化，具有独特性。地域文化的发展既是地域经济社会发展不可忽视的重要组成部分，又是地方经济社会发展的窗口和品牌，也是招商引资和发展旅游等产业的基础性条件。各具特色的地域文化已经成为地域经济社会全面发展不可或缺的重要推动力量。地域文化一方面为地域经济发展提供精神动力、智力支持和文化氛围；另一方面通过与地域经济社会的相互融合，产生巨大的经济效益和社会效益，直接推动社会生产力发展。伴随着知识经济的兴起和经济社会一体化进程的不断加快，地域文化已经成为增强地域经济竞争能力和推动社会快速发展的重要力量。设计师寻找地域特色作为创意载体,在满足家具功能需求的同时,将文化内涵进行传递。

敦煌,是东西方丝绸之路上的璀璨明珠,是历史上世界文明的交汇重镇;敦煌文化,蕴含我国各族儿女共同创造的五千年光辉灿烂文化,凝聚国际文化交流的智慧结晶,也是维系全球华人精神家园的丰富宝藏。敦煌文化具有深厚的普世价值,更是属于全人类的文化遗产,除了对敦煌艺术的保护,还要做好推广工作。敦煌莫高窟位于我国甘肃省敦煌市,是我国古代四大石窟之一,具有很高的历史文化价值。敦煌莫高窟位于古代路上丝绸之路的中心位置,北接天山、准格尔盆地,南接青藏高原、祁连山脉,西接塔里木盆地、中亚地区,东接河西走廊、关中、中原、黄河长江流域。因而,地理位置十分重要,处于交通要冲,且位于古代丝绸之路的中心位置,对中西贸易和文化交融起到了桥梁作用。

敦煌图案是敦煌石窟艺术的一个重要组成部分,它装饰于建筑(石窟本体及其木构窟檐)、塑像与壁画,同时也具有自身的独立形态。图案与壁画、塑像、建筑的关系可以理解为,没有图案装饰,壁画就不完整,塑像就不算完成,整个石窟艺术就不是一个完整体。图案同整个石窟艺术一样,都是朝代的产物,不同时代有不同的特点与风格。

敦煌图案中多以龙图案为元素。在原始社会中,龙是重要的原始宗教信仰对象之一。丰富多彩的原始神话充分反映了这一信仰。先秦文献中有关龙的记载,代表性的有如下四种说法。

第一,把人和龙混为一体。例如,开天辟地的宇宙开创者伏羲氏、"抟黄土作人"的生命创造者女娲氏、领导人民战胜强敌和创造物质文化的黄帝、教导人民耕种的神农氏,都被描写成龙身人面或蛇身人面。

第二,龙乃人的化身。例如,禹(传说中的中国古代部落联盟领袖)的父亲鲧,死后三年不腐,化为黄龙。

第三,龙是神通广大的神灵。例如,禹为了拯救百姓,悉心毕力治理洪水,他的行为感动了天地,于是神龙以尾画地成河,帮助禹疏导洪水。

第四,龙是神人驾驭的动物。例如,中国古代地理名著《山海经》说,夏后氏启(禹的儿子,是建立中国历史上第一个朝代夏代的君王)乘两龙,西方之神蓐收,南方之神祝融,北方之神禹疆,东方之神句芒也都乘两龙。战国时期楚国大诗人屈原在《九歌》中说河伯"驾两龙兮骖"。中国古代装饰艺术中神人乘龙的画面,屡见不鲜。

显然,龙成为中国原始社会的崇拜对象,反映出当时人们崇拜超自然力,神化那些带领他们战胜自然的领袖的思想和心态。所以那些英雄,既是人又是龙。而龙就是超自然力的象征,成为具有神力的形象。它能直上九霄,又能深入千浔;既可腾云驾雾,兴云布雨,又可摇波蹴浪,倒海翻江。随着社会的发展,龙的形象和性格越来越复杂。几千年的正史与民间口头文学里,龙的神话此起彼兴,层出不穷。

在沙发座椅设计中,沙发的扶手位置的侧面如同墙面,是龙图案表现的最好载体。在工艺上采用镂空的处理方法,光影在穿插、通透中呈现,显示其神秘的美感,让人产生耐人寻味的遐想。

第三节 地貌特征主题——椅子设计

甘肃省位于我国西部，地处黄河上游，地域辽阔，介于北纬32° 11'~42° 57'、东经92° 13'~108° 46' 之间，大部分位于我国地势二级阶梯上。甘肃省地处黄土、青藏和内蒙古三大高原交汇地带，东接陕西，南邻四川，西连青海、新疆，北靠内蒙古、宁夏。甘肃地貌复杂多样，山地、高原、平川、河谷、沙漠、戈壁交错分布，地势自西南向东北倾斜。地形复杂，山脉纵横交错，海拔相差悬殊，是山地型高原地貌。从东南到西北包括了北亚热带湿润区到高寒区、干旱区的各种气候类型。

鸣沙山已经形成3000多年，而鸣沙的记载也由来已久。沙漠或者沙丘中，由于各种气候和地理因素的影响，造成以石英为主的细沙粒因风吹震动而滑落或相互运动，众多沙粒在气流中旋转，表面空洞造成"空竹"效应发生嗡嗡响声的地方称为鸣沙地。在中国西部地区鸣沙地主要是沙漠，这些沙丘堆成山状，因此又称为鸣沙山。敦煌鸣沙山与宁夏中卫县的沙坡头、内蒙古达拉特旗的响沙湾和新疆巴里坤鸣沙山号称中国的四大鸣沙。大漠孤烟直，长河落日圆，沙漠空旷无边，让人感到心胸开阔，沙漠给予人们乐观向上的精神，也给予了人们坚强的体魄，这就是沙漠的胸怀。沙漠蜿蜒盘旋的线条，沙漠特有的立体感，被风吹过的屡屡痕迹，远处成群结队的骆驼，沙海漫漫，驼铃阵阵，悠扬婉转。风吹涌动沙子，迅速旋转成一股小龙卷风，它们会把第一天下滑的沙子重新吹回山上，消除一切前一天留下的痕迹。

沙漠上动态变幻，风行流动，纹理脉脉，深浅印记，时隐时现。家具设计灵感将沙丘作为靠背，其可移动至沙发中间或两端来呼应沙漠的变化效果，当移动到中间时，将座面分为两块，可供用户背对而坐。当移动至两端时，可供用户躺、倚之用。脚踏为月牙状，呼应沙漠随气候地貌变化可拓展可收缩之无常形态。

沙发面料可以分为全涤、全棉、亚麻等。其中，全涤面料还可以分为鹿皮绒、超柔绒、灯芯绒、雪尼尔等。通过查找了解各种面料的材质、外形，进行比较后，确定灯芯绒面料中的超大灯芯绒为沙发的蒙面材料。灯芯绒外表形态和沙漠有着惊人的相似。结合沙漠的颜色，所以选择与其更为接近的土黄色作为沙发蒙面的颜色。

沙发的填充材料多为海绵，沙发海绵包括普通海绵、高回弹海绵、记忆慢回弹海绵。多数的沙发垫都是采用高密度海绵，而记忆慢回弹海绵由于价格偏高，多用于制作耳塞、睡眠枕、床垫等。

考虑到沙漠的特点，脚印踩上去，沙坑会慢慢被填平，不留下任何痕迹，所以沙发垫也会采用记忆慢回弹海绵。记忆海绵表面舒适，受力下陷放开后可慢慢回弹恢复形状，其特性和沙漠的特点完全吻合。在海绵之上覆盖聚苯乙烯泡沫可以更好地体现沙漠流动性的特点，更加贴合主题。

第四节　光影关系的震撼——椅子设计

光与影是设计的主要内容，是产品与环境的关系处理所在，通过光影研究，可突出产品的特征，彰显视觉魅力。

大雪山是祁连山的中断块而成的一个完整的小山地，其北为昌马盆地，东界疏勒河峡谷，南临野马河谷地，西至公岔达阪山口。长88公里，宽20~30公里，山地面积约2200平方公里。大雪山平均海拔4000米左右，最高峰5483米，是祁连山北端最高的山体，由于大雪山地处西北气流直下的要冲，高山降水丰富。大雪山共有冰川203条，面积为159.4平方公里。其中，大雪山的老虎沟地区共有冰川44条，面积为54.3平方公里。老虎沟内的12号冰川，又名"透明梦柯"冰川，于1959年被中国科学院高山冰川研究站的专家们发现。"透明梦柯"是蒙古语，意为高大宽广的大雪山。该冰川长10.1公里，面积为21.9平方公里，是祁连山区最大的山谷冰川，属于极大陆型的双支山谷冰川，有宽大的粒雪积累区。冰川末端海拔4260米，最高峰海拔5483米。该冰川坡度较平缓，粒雪区最大坡度数26度，没有雪崩危害。承受力大、安全性高是其显著的特征，具有稳定性冰川的特征。远远看去，一条冰川如苍龙横亘在天际线上，在透彻的蓝天映衬下，巍峨苍茫，白得耀眼，白得通透。

在雪山中，很多造型都十分吸引人们的眼球。祁连山被终年不化的冰雪覆盖，银装素裹，白雪皑皑，云雾缭绕，令人感叹不已。大自然的生机勃勃，触动着我们的灵魂，可以对祁连雪山进行草图解析，寻找同构形态。同构是设计师在进行形象思维的过程中必不可少的环节。它能够帮助设计师创造出具有丰富内涵的造型视觉语言。由一个事物推想到另一个事物的过程称为联想。在现实生活中，每个人都会有各种各样，连绵不绝的联想。通过对事物对象的联想，能引发创新的意识。将山形与雪狼进行同构，寻找图形的突破。

雪山冰川的形状与嚎叫的雪狼融为一体。同构图形灵感需要给予一定的表达空间，将图形绘制在座椅的座面和座椅的靠背面上，利用光影关系在呈现出雪山中的视觉效果。运用反光强的材料作为主材质，通过反衬，靠背面为嚎叫的狼，其倒影为冰川反光的山峰，同时，群狼效果与山峰连绵的效果通过一个座椅单体穿插一个座椅单体实现，可分开，可连接，形成一排，座椅在家居环境中，供应多人服务。

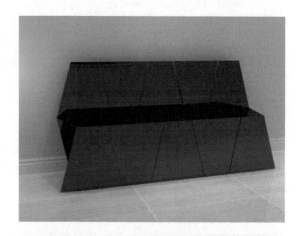

第五节 竹子材质的魅力——椅子设计 ■ ■ ■

竹家具的优点如下。

1. 竹家具无化学物质污染，环保，还保持着竹的自然绿色，保持了竹子的独特质感。竹家具采用特种胶，环保绿色，不会对人体有害。

2. 竹子有其独特的天然纹路，纹理清晰可见，总能给人一种质朴与淡雅清新的感觉，竹节错落有致，外形美观。

3. 竹子融于家具中，高贵中透出淡雅温馨，还能给人带来冬暖夏凉的感觉。竹子具有吸湿吸热的性能，炎炎夏日能吸汗，寒冷冬日里也能给人带来温暖，或者搭配个软垫，更柔软舒适。

4. 竹子是可再生资源且成材时间短，采用竹子制作的竹家具天然环保，被崇尚环保的人们视为时尚家居的新选择。另外竹家具还有很少人知道的吸收紫外线的功能，可以让眼睛更舒服，预防近视。竹子还具有隔音效果，让家居更宁静。

该竹椅在形式美中挖掘"面"的元素造型，结合竹子的特点，以舒展、宽阔、平静、安心为理念进行设计表达。

第六节 艺术造型之视觉感官主题——椅子设计

视觉冲击就是运用视觉艺术，使观众的视觉感官受到深刻影响，留下深刻印象。它的表现手法可以通过造型、颜色等展现出来，直达视觉感官。下图为作者指导学生李建锋的椅子设计。

设计主线为寻找图形之间的层次感，有效运用色彩对比、色彩互补、色彩分散等形式，利用由光感折射、光感捕捉、动态光感及明暗差异等突破图形图像本身的视觉平衡点来达到视觉要求。利用视觉幻象得空间感来突出整体设计的视觉中心。同时，打动欣赏者的情感。利用平时生活的一些元素，如藕断丝连、牵挂、不舍等元素，来打动欣赏者的情感，突出视觉冲击力，以获得人们对图形的记忆，达到流连忘返的设计目的。

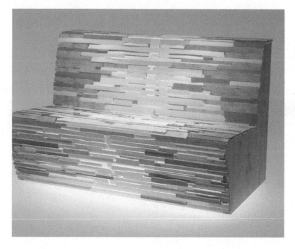 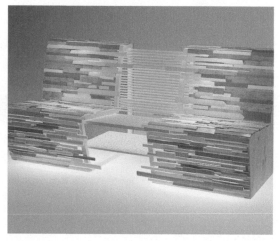

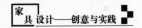

思考与练习

1. 根据你家乡地域文化元素设计一款家具。

2. 选择一种视觉冲击效果并设计一款家具。

第六章
创意精品赏析

第一节 中国传统家具案例

一、太师椅

太师椅产生于宋代，是唯一一类以官职来命名的椅子。人们常说的"稳坐太师椅"指的就是这种椅子。到了清代，太师椅成了扶手椅的专称，此扶手椅的靠背板、扶手与椅面间成直角，样子庄重严谨，用料厚重，宽大夸张，装饰繁缛。这些特征都是为了显示主人的地位和身份，已经完全脱离了舒适的目的，而趋向于显示尊严。

二、红木嵌螺钿花卉纹月牙桌

月牙桌（简称半圆桌）多产生于清末民国时期。红木嵌螺钿花卉纹月牙桌，桌面嵌云纹理石板，边抹嵌螺钿，贴出缠枝花卉纹。束腰嵌螺钿花片，牙板以螺钿拼出石榴树、竹子图案。腿足以插肩榫与面板相接，底端安直枨和罗锅枨。

月牙桌灵活、秀气，平时可分开对称摆放，多在寝室和较小的场合使用。可靠墙或临窗，上置花瓶、古董等陈设品，别有一番风味。月牙桌设计合理，不占用地方，在家具搬动时尤为方便。

三、黄花梨圈椅

此黄花梨圈椅产于明代晚期，高100.7cm，宽59.6cm，深46.4cm。圈椅靠背板的下端浮雕如意纹，如意纹内刻一条鲤鱼在波浪中跃起，靠背板的上方透雕一条飞龙，取鲤鱼跃龙门之典故。鹅板、嵌板下有浮雕花纹的牙条支撑，一对扶手成"S"形，美观又十分罕见。座面为硬席面，底枨为步步高赶枨，前腿和大边间卷口牙子。

圈椅是明式家具的代表，作为古典优秀器物，具有很高的艺术价值。优雅的轮廓、和谐的比例、适宜的尺度，都是古代工匠智慧的结晶。

■ 四、玫瑰椅

明黄花梨透雕玫瑰椅，座面 61cm×40cm，通高 87cm。该椅靠背板通体透雕六螭捧寿纹，扶手下为浮雕螭龙的牙子，横枨下安螭纹卡子花。座面下采用门牙子，且三面券口牙子均有雕饰。虽装饰较繁，但从该玫瑰椅的整体造型纹饰布置上看，仍张弛有度，有简有繁，恰到好处地将雕刻艺术融入玫瑰椅舒展有序的造型线条中。其后背雕刻纹饰虽满而不密，且所用纹饰螭纹为中国古代传统图案，古朴雅拙，与简洁、质朴的造型合二为一，体现了中国古代文人的怀古幽情。

■ 五、交椅

明代交椅以造型优美流畅而著称，它的椅圈曲线弧度柔和自如，俗称"月牙扶手"，制作工艺考究，通常由 3~5 节榫接而成，其扶手两端饰以外撇云纹如意头，端庄凝重。后背椅板上方施以浮雕开光，透射出清灵之气，两侧"鹅头枨"亭亭玉立，典雅而大气。座面多以麻索或皮革所制，前足底部安置脚踏板，装饰实用两相宜。在扶手、靠背、腿足间，一般都配制雕刻牙子，另在交接之处也多用铜装饰件包裹镶嵌，不仅起到坚固作用，更具有点缀

美化功能。由于交椅可折叠，搬运方便，故在古代常为野外郊游、围猎、行军作战所用，后逐渐演变成厅堂家具，而且是上场面的坐具，古书中英雄好汉论资排辈坐第几把交椅就源于此。

交椅进入厅堂后，它交叉折叠的椅足就失去了原来野外使用的功能，于是有人将它改成常规椅子的四条直足，这便成了"圈椅"。

现传世的明式交椅，以黄花梨交椅最珍稀，而杂木交椅的存世量并不少。

■ 六、罗汉床

罗汉床起源于汉朝，是古老的汉族家具，属于卧具之一。罗汉床一般体形较大，有无束腰和有束腰两种类型。有束腰且牙条中部较宽，曲线弧度较大的，俗称"罗汉肚皮"，故又称"罗汉床"。罗汉床因其实用一直是备受欢迎。

古代汉族人民睡觉有大睡和小睡两种，大睡就是晚上正式的睡眠，小睡指午休等小憩，榻和罗汉床用于小睡，可以用来待客，而架子床和拔步床用于大睡，不能用来待客。我们知道，汉朝以前中国人的起居方式是席地而坐，故生活中心必然围绕睡卧之地，待客均在主人睡卧周围。久而久之，形成了国人待客的等级观。清朝以前，甚至民国初期，国人待客的最高级别一直在床上或炕上。榻和罗汉床的主要功用反而不是睡卧，而是待客。

■ 七、官帽椅

官帽椅，因椅子造型酷似古代官员的官帽而得名，此种形式的椅具始于宋元明三个朝代。官帽椅有"四出头"官帽椅和南官帽椅两种。

四出头官帽椅：是一种搭脑和扶手都探出头的椅子，这种搭脑出头的样式，模仿宋代所戴的帽翅形态而得名，故称"官帽椅"，现在称为"四出头官帽椅"。

南官帽椅：搭脑及扶手不出头的椅子。它除了搭脑和扶手都不出头外，余者与四出头官帽椅相同。南官帽椅产生于明朝，是依据明朝官帽样式而出现的一种家具椅。

■ 八、皇宫椅

清朝的皇宫椅以雕龙画凤为主，是社会等级制度的象征。随着封建制度的消亡和社会的发展，今天的皇宫椅已经进入寻常百姓家。现在的皇宫椅在工艺制作上进行了大胆的创新和发展，不单单雕龙画凤，还雕花鸟、人物和山水等题材。皇宫椅也由固定的两张椅子发展到六件套、十件套等十几种规格，用材方面有黄

花梨、紫檀、酸枝、楠木等材质。

皇宫椅是中华民族木制家具文化的杰出代表，承载着中华民族的艺术智慧和厚重文化底蕴。皇宫椅的制作要求较为严格，它必须全部榫接结构，环环相扣。雕刻部分要求精美而不影响人体的舒适需要，让人端坐其上，尽显主人"内圣外王"的非凡气度。

■ 九、几案

几案，人们常把几和案并称，因为两者形式和用途上难以划出截然不同的界限，几是古代人们坐时依凭的家具，案是人们进食、读书写字时使用的家具，其形式早已完备。几和案的形式很多，且有各自的用途，在厅堂殿阁的布置上，和其他家具一样，也各有其特点和规范。案几的出现是受了唐代"燕几"的启发，并随着使用的要求有所改变而成的。燕几是唐代创制的，是专用于宴请宾客的几案，其特点是可以随宾客人数多少而任意分合。案的造型突出表现为案腿不在四角，而在案的两侧向里收进一些的位置上。两侧的腿间大都镶有雕刻各种图案的板心或各式圈心。而几与案只是形制不同，长短大小相差无几，多呈长条形。案几在使用中既可用于放置器物也可用于宴享。明清时，案几有了进一步发展，造型独特，用料考究，而且更加重视雕饰。

十、八仙桌

八仙桌在辽金时代就已经出现，明清盛行，古时主要摆放在客厅正堂朝南位置，桌后配供案或供桌。四边长度相等的桌子称为方桌，方桌有大、小之分，大的称"八仙桌"，可坐八人；小的称"四仙桌"，可坐四人。前者边长95~98cm，后者边长85~94cm。八仙桌方桌在制度上尤其是对桌子边长有严格的等级制度，在封建朝代，除皇帝以外，所有家庭使用的八仙桌方桌尺寸不能应用2.95尺（1尺=33.3厘米）和2.99尺两种规格，一旦使用，会被控告反叛之罪。

十一、贵妃榻

又称"美人榻"，古时专供妇女憩息，榻面较狭小，制作精美，形态优美，是榻中极为秀美的一种，其用料也极为讲究，床上彩绘雕刻显得雍容华贵。明清时期的贵妃榻，展现出精细打磨的技法，体现在对围栏、扶手、榻腿的雕花儿上，龙纹透雕最为流行，大概是源自中华民族对龙图腾的膜拜。贵妃榻对于榻腿、牙板的细节设计更是精益求精，无论是直腿、弯腿都少不了细琢的花草图案，榻体多为平板和按摩板，体型较之欧美贵妃榻更硕大，展现着旧时皇室的风范和皇权的威严。有的贵妃榻为单翘头、尾部上卷设计，瑞草卷珠外翻球式直腿，透雕牙条采用拐子纹卷草图案，围栏的二龙戏珠穿云喷水透雕图案最为醒目，它鲜明体现了清式家具的恢宏气派。还有的贵妃榻则为双翘头设计，头部稍高，插肩直腿，侧面有管脚枨，中部牙条是透雕拐纹、牙头以浮雕相称，围栏为屏风式透雕拐纹，榻面纹理介于按摩面

和平面之间，制作工艺显示了它的珍贵。

十二、架格

架格是明式家具中立架空间被分隔成若干格层的一种家具，架格没有门，被隔板分成数层，用于室内陈设物品。其主要供存放物品用，有些依据书体规格制造的称之为书格或书架。架格美化家居，节省空间，实用性很高，清洁较为简便，等同于现今格架。架格的实用性在书房得以极大的体现，平日杂乱放置的笔、墨、砚、笔筒、文玩书籍等，都可以被收拾得井井有条。在清代，架格的使用比明代普及，是书房、厅堂的主要陈设之一，其在式样、做工上均优于明式。清式架格与明式不同，明式架格大多做成四面透空，清式架格则将左右及后面用板封闭，因而不如明式柜格亮丽大方。至于用横、竖板将空间分隔成若干高低不等、大小有别的格子则是在清雍正时期开始流行的形式，这种格内屉板高低错落，俗称"博古架"或"百宝架"，专门用来陈放文玩古器，放在书房、客厅非常雅致，有浓厚的清式家具风格。

十三、面盆架

面盆架在古代是一种十分注重功能性的家具，多采用一般的木材制成，容易损坏且不被重视，因此，流传下来的制品并不多。而从少数古董品中可以看出，即使是这样的功能性家具，古人对面盆架的设计也丝毫不马虎。从中也可以看出中国人生活品味的讲究。面盆架有高低之分，有三足、四足、五足和六足等不同形制。直足的上端常有雕刻，如净瓶头、莲花头、坐狮等，六足的有些能折叠，结构均与古代故架十分类似。

十四、承足（脚踏）

承足（脚踏），今通称"脚蹬子"，古称"脚床"或"踏床"，是我国古时人们在坐具前放置的一种用以承托双足的小型家具。宋、元以来，常和宝座、大椅、床榻组合使用，有的和家具本身相连，如交杌及交椅上的脚踏，有的则分开制造，如宝座及床榻的脚踏。

脚踏还有搭脚的作用。一般宝座或大椅座面较高，超过人的小腿高度，坐在椅上两脚必然悬空，如设置脚凳，将腿足置于脚凳上，可以达到舒适的目的。

十五、屏风

屏风，在周代就以天子专用器具出现，作为地位和权力的象征。屏风是中国传统建筑物内部挡风用的一种家具，所谓"屏其风也"。屏风作为传统家具的重要组成部分，历史由来已久。屏风一般陈设于室内的显著位置，起到分隔、美化、挡风、协调等作用。它与古典家具相互辉映，相得益彰，浑然一体，成为中式家居装饰不可分割的部分，呈现出和谐之美、

第二节　国外家具优秀案例

一、红蓝椅

红蓝椅是风格派最著名的代表作品之一。它是家具设计师里特维尔德受《风格》杂志影响而设计的。红蓝椅于1917—1918年设计，当时没有着色，着色的版本直到1923年才第一次展现给世人。

红蓝椅整体都是木结构，15根木条互相垂直，组成椅子的空间结构，各结构间用螺丝紧固而非传统的榫接方式，以防有损于结构。这把椅子最初被涂以灰黑色，后来，里特维尔德通过使用单纯明亮的色彩来强化结构，完全不加掩饰，重新涂上原色。这样就产生了红色的靠背和蓝色的坐垫。

这款红蓝椅具有激进的纯几何形态和难以想象的形式。在形式上，它是画家蒙德里安作品《红黄蓝相间》的立体化翻译，该画家以利用处于不均衡格子中的色彩关系达到视觉平衡而著称。

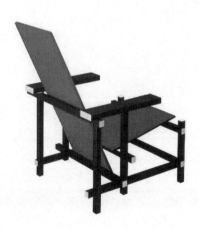

二、天鹅椅

天鹅椅于1958年由丹麦设计师雅各布森所设计，雅各布森是20世纪最有影响力的建筑师兼设计师，北欧的现代主义之父，丹麦功能主义的倡导人。天鹅椅因其外观宛如一个静态的天鹅而得名，作为一款现代家具设计中经久不衰的经典作品，它以其优雅的造型和简约的设计一直为追求时尚的人们所情有独钟，被认为是最有代表性的北欧设计，也是世界艺术的珍品，线条流畅而优美，具有雕塑般的美感，即便与人体模特相比也毫不逊色。

■ 三、蚂蚁椅

蚂蚁椅是现代家具设计的经典之一，由丹麦设计大师纳·雅各布森（Arne Jacobsen）设计，因椅子头部酷似蚂蚁头，而被命名为"蚂蚁椅"。蚂蚁椅造型设计简单，却具有极强的舒适坐感，是丹麦最成功的家具设计之一，被世人赞为"家具界的完美娇妻"！最初的蚂蚁椅只有三足，后来发生了因椅子翻倒而酿成的死亡事故，便改变成了现在的四足样式。

■ 四、蛋椅

1958 年，纳·雅各布森（Arne Jacobsen）为哥本哈根皇家酒店的大厅以及接待区设计了这个蛋椅，这个卵形椅子从此成了丹麦家具设

计的样本。蛋椅独特的造型，在公共场所开辟了一个不被打扰的空间，特别适合躺着休息或者等待，就跟家一样。

■ 五、巴塞罗那椅

巴塞罗那椅由密斯·凡·德罗（Mies van der Rohe) 在 1929 年巴塞罗那世界博览会上，为了欢迎西班牙国王和王后而设计。它由成弧形交叉状的不锈钢构架支撑真皮皮垫，非常优美而且功能化。两块长方形皮垫组成坐面（坐垫）及靠背。在当时，椅子是全手工磨制的，外形美观，功能实用。时至今日，巴塞罗那椅已经发展成一种创作风格。

■ 六、钻石椅

美国设计师哈里·伯拖埃（Harry Bertoia）的"钻石椅"属于经典的作品。这把纯粹用金属焊接而成的椅子，形容起来就是一张铁网兜、铁网、金属网，英语称作"mesh"，下面焊接

上两个金属的脚，就是这款椅子。铁网或者抛光，或者电镀，闪闪发光，外形似钻石状，因而得名。因为设计奇特，仅仅是简单的铁网而已，不会被磨花、腐蚀，用好多年看起来都是一样的，钻石椅基本不会变旧，这点很特别。

■ 七、潘顿椅

潘顿椅 (Panton Chair)，也被称为鸭舌椅，是由丹麦的设计师维奈·潘顿（Verner Panton）1968 年设计的。潘顿椅的外形独特，形如经典的"S"又像灵活的"5"。潘顿椅是一次模压成型，具有强烈的雕塑感，色彩也十分艳丽，至今仍享有盛誉，被世界许多博物馆收藏。潘顿椅使用玻璃钢材料，表面处理得光滑平整，达到反光镜面效果。椅子背面与正表面一样光亮，两边缘对称、均匀。

■ 八、郁金香椅

Tulip Chair 郁金香椅，形状浑圆优雅，是芬兰设计师 Eero Saarinen 最经典的作品之一，Eero Saarinen 透过这张椅子的设计试图让椅脚变得更简洁，摆脱传统椅子四个支撑脚的结构，使人们坐在这张椅子上腿部有更多的活动空间。同时，Eero Saarinen 也注意到了美观的设计，Tulip 形如一朵浪漫郁金香，也似乎像是一只优雅酒杯。

九、Hill House 椅

查尔斯·雷尼·麦金托什（Charles Rennie Mackintosh,1868—1928）是 19、20 世纪之交英国最重要的建筑设计师和产品设计师。他的设计具有鲜明的特征，其中最出名的高背椅——Hill House 椅（希尔住宅椅），完全是黑色的高背造型，非常夸张。

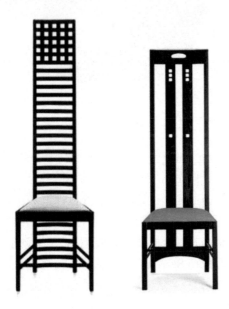

十、艾菲尔餐椅

1950 年，设计大师 Charles 和 Ray Eames 面临一个新的挑战，他们要设计出一款既经济又要轻便、坚固，还要高质量的椅子。灵感来自法国埃菲尔铁塔，他们利用弯曲的钢筋和成形的塑料制造出这款经典的餐椅，优美的外形和实用功能使艾菲尔餐椅大受欢迎，流行至今。

十一、瓦西里椅

1925 年，设计大师马歇尔·拉尤斯·布劳耶（Marcel Lajos Breuer）作为学徒进入德国著名的"包豪斯"学校进行学习，他是第一个用钢管制造椅子的设计师，并成功设计出这张椅子，为了纪念他的老师瓦西里·康定斯基，他将这张椅子命名为"瓦西里椅(Wassily chair)"。

十二、帕米奥椅

设计师阿尔托的第一件重要的家具设计"帕米奥椅"是他为"帕米奥疗养院"设计的，这件简洁、轻便而又充满雕塑美感的家具，使用的材料全部是阿尔托三年多的时间里研制的层压胶合板，在充分考虑功能和方便使用的前提下，其整体造型非常优美。圆弧形转折成为其明显特征，它并非用于装饰，而完全是结构和使用功能的需要；靠背上部的三条开口也不是装饰，而是为使用者提供通气口，因为此处是人体与家具最直接接触的部位。

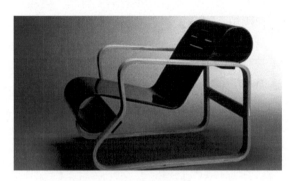

十三、RAR 摇椅

RAR 摇椅由知名的美国设计师 Charles 和 Ray Eames 于 1950 年设计，这一系列塑料单椅成功地将人体工学与材质运用相结合，成为全世界首张大量制造的塑料。

十四、路易鬼椅

"鬼"这个词在中国人看来不甚吉利，而在欧洲人眼中，这个词和"灵魂""灵感"总

有一些关系，未必是贬义的。法国设计家菲利普·斯塔克（Philippe Starck）给意大利公司卡特尔设计的一款用透明的聚碳酸酯注塑成型的仿古椅子，就叫作"路易鬼椅"，它用的是透明材料，看上去像是空气中的一个椅子轮廓，好像一个"灵魂"一样。

十五、蝴蝶桌椅

南纳·迪策尔（Nanna ditze）是丹麦当代著名女设计师，她将大师的气质与女性的情感融为一体，非常注重产品的形式美好和情感因素，在家具设计方面，她对具有节奏与韵律美感的圆弧、环形等几何造型有着特别的爱好。多年来她一直沉迷于蝴蝶这种具有大自然造化的美丽昆虫，并将从中汲取的灵感用于她的家具设计中，创造了一系列蝴蝶椅，成为现在家具设计中非常独特的珍品。

第三节　现代创意家具设计案例

■ ■ ■

日本建筑师苏藤本为意大利品牌设计了 Bookchair 系列，家具是嵌入式 chair-shaped 元素。不使用的时候，椅子嵌入书架，不占任何空间，使用的时候，椅子位于离书架最近的位置，方便拿取。

下面这款涟漪茶几是由两名韩国设计师设计，他们给普通的黑色抛光茶几附加了一层 2mm 厚的水面层，并在水面层上覆盖一层超薄陶瓷隔层，以保证茶几上的餐具不会被弄湿。正是因为这一层水，当餐具放置在茶几上，或是被移动的时候，茶几的水面便会泛起漂亮的涟漪。

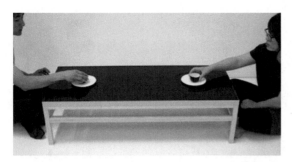

　　下面这款现代意大利家具时尚又实用，由设计师 Massimo Imparato 和 Enzo Carbone 设计而成，并由 Matrix International 公司制造。这款椅子通过压力折弯和激光切割平板，以铝合金为材料，底部为钢铁或者铝。椅子的表层无论是涂漆还是电镀都是可行的，可以涂上或镀上各种颜色，可以根据自己的需要选择是否放置靠垫。它也提供有扶手的设计，这样的设计适用于住宅客厅的内部。

　　市场中很多将平面化打造成 3D 视觉的主流设计，但设计师 Daigo Fukawa 却运用将材料拉伸、卷曲的手法，把三维空间物体制造为平面的感觉，让人耳目一新，趣味无穷。

下图这款设计作品"DIP STOOL"是设计师 Merve Kahraman 运用三款纯色的胶合板制作出来的。它将这些胶合板按照几何学的原理组合起来，绘制出一个漂亮的 3D 图形。这种纯手工制作的多功能座椅的椅腿采用柔化边缘的橡木制成，给人一种复古的美感。

住在美国西北部沿海地区的家具设计师 Greg Klassen 设计了一系列"河流"桌子，其选用的木材来自回收的树木，往往是即将腐烂的树以及来自建筑工地的树。设计师把树木原有的纹路想象成河流的岸边，根据木材的边缘手工切割玻璃，将玻璃覆盖在木材之上，桌子上翠绿的玻璃看上去仿佛就是一条蜿蜒曲折的河，美得让人难以抗拒。

下图是西班牙设计师 Patricia Urquiola 为当地家具品牌 Kettal 设计的"vieques"系列家具，包括适用于起居室和餐厅的椅子、沙发和桌子。家具的框架为铝合金材质，靠背和坐垫为蜂窝结构三维织物面料，舒适且富有耐久弹性。

设计师 Michael Bihain 设计的"蚊子"椅（The Mosquito Chair）由弯曲的木材制成，有两种堆叠方式，一种是讲究实际的直线堆叠，另一种是生动的斜线堆叠。

泰国设计品牌 TwoFourEight 的产品风格简约大方，材料以木材为主。

中国的历史和文化对国外设计师有很深的吸引力，无论是自然风景、建筑景观、文物古迹还是生活方式都可以给予设计师无尽的设计灵感。设计师 Henny van Nistelrooy 来自荷兰，下图这款 YIFU（衣服）系列是他最近设计的新品，灵感来自传统的汉服。汉服独特的造型特征给了他灵感，他决定结合现代的设计形式表现细节，在保留设计原味的基础上带给人们不一样的视觉和触觉体验。

下图是由设计师 Anthony Dickens 和 Tony Wilson 设计的 Origami Table，是一款易装配的"折纸"桌子，它无需螺丝、螺钉和任何配料。其桌腿可拆卸，可以实现扁平包装，运输和储藏十分方便。结构非常简单，整个制造过程只需印模冲压和弯曲两步。

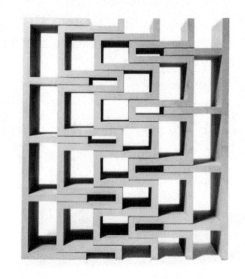

下图是荷兰著名的设计师 Reinier de Jong 采用抽拉方式设计的 REK 书柜，它由 5 个可以滑动的锯齿状模块组成，滑动的模块能够调整大小不一的空隙，这样就能根据书的大小和数量来灵活调整柜子的空间，甚至在缝隙里都能放书。书架的高度有不同尺寸，孩子或成人都能使用。

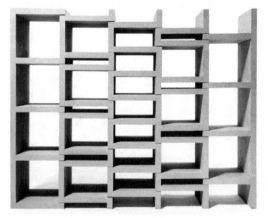

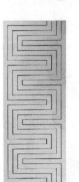

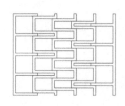

下图是波兰设计师 Iwona Kosicka 制作的一款舒适且特别的椅子 Swing。圆环状的椅子从天花板上悬挂下来，透着俏皮的意味，邀请人们坐上去。它的造型极简，适用于各种现代风格装饰的空间，也可以被当作秋千使用。

哥伦比亚的 Malagana 设计工作室擅长利用木材设计各种作品，且他们坚持每一款都是纯手工制作，下图这款平衡书架便是其中之一。天然木皮的独特纹理赋予了每个格子不一样的外观。更特别的地方在于木格的构筑方式，看似不经意的各种角度的堆叠给人一种摇摇欲坠的感觉，造型独特。

设计师 Andy Martin 是一系列树脂桌的创建者，它们由透明和半不透明树脂制成，当光线照射到表面时会产生发光效果。桌子的顶部是明亮和充满活力的颜色，圆柱形底座是透明的。旨在创造有趣的视觉效果。

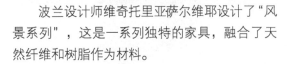

波兰设计师维奇托里亚萨尔维耶设计了"风景系列"，这是一系列独特的家具，融合了天然纤维和树脂作为材料。

设计师 Maor Aharon 寻找到一种创造凳子的新方法，他将木材和金属与聚合物树脂结合使用，将着色树脂浇注到纺丝模具中形成座椅和侧面。形成一系列独特的分层设计。

莫斯科家具设计工作室 Aotta Studio 设计出外型如胶囊般的微型厨房 LOLO，可收纳厨房所需的用具，让你在家中套房、工作室或办公室都可有一个迷你茶水间。Aotta Studio 由 Tanya Repina 和 Misha Repin 共同成立，两人都认为工作时有适当休息是非常重要的，因此设计了微型厨房 LOLO。除了椭圆形的外观，LOLO 还有"眼睛""嘴巴"及"鸟仔脚"，样貌十分讨喜。它有 2~3 个大小不一的柜子，可以根据需求组合不同隔层。在抽屉内也可设有分隔栏，轻松分类用具与零食。LOLO 可以有十多种不同的变化，大到桶装饮水机、微波炉，小到饼干点心，通通都可以完美收纳。LOLO

采用直立式设计，可以任意移动，流动性极高，而且占的地方不大。

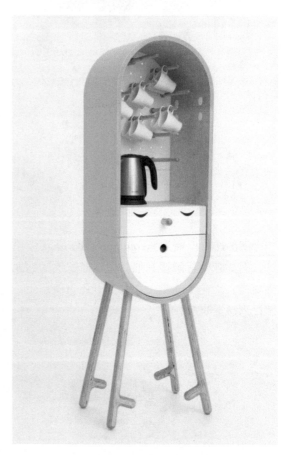

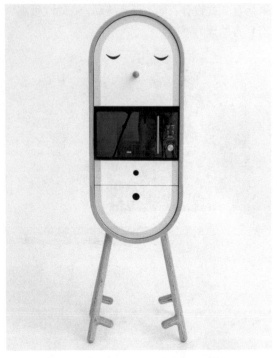

"olann"是一个全新的手工编织羊毛家具系列，由爱尔兰纺织品设计师 claire-anne o'brien 创作。这个设计的灵感来自于爱尔兰传统的捕鱼和编织方式，这些家具的编织纹样也是根据熟悉的元素而来的，如 aran jumpers、钓鱼绳结和柳条筐，再对它们进行重新设计并辅以当代工艺语言。这些家具用独特的编织手法完成了家具的制作，最终设计了一系列如凳子和椅子这样形式简洁的家具。

下图这款单椅为 Piergiorgio Cazzaniga 所设计，有如梦幻般雕塑品的外型，搭配不锈钢抛光材质，无论在视觉上、触觉上还是使用上，都让人感觉非常舒服。

下图是设计师 Matej Chabera 设计的主要适用于酒吧等社交场合或者较为狭小的公共空间场合的系列家具，包括吧凳、吧台和衣帽架，它们完美地形成了一定程度的和谐统一。这个系列充分考虑了社交场合的交流需求，例如，吧凳俏皮地露出了两截木棍，吧台下特意设计加长的支架，都可以挂放袋子等物品。

发的各个位置使用，再度增强功能性。此外，
可移动的边桌不仅外观美观，还可以充当扶手、
工作台、餐桌等多重角色。

Hocky 系列是一套兼具美观、时尚及实用
性的沙发系列，由波兰设计工作室 Merely 的设
计师 Marcin Wielgosz 设计而成。整套沙发系列
以沉稳的棕黑色为主调，搭配可移动的米白色
座椅模块，提高该系列家具的实用性。Hocky
系列沙发由不同尺寸的小沙发与座椅模块组成，
其中每个小沙发的椅面上都设计了一个凹槽，
这样就可以使米白色的座椅模块随意移动到沙

下图是由乌克兰设计师 Zbroy Svyatoslav
和 Dmitry Bulgakov 合作创办的设计工作室
ODESD2 设计的休闲椅 Q1。半球形构思源于巴
克敏斯特·福勒（美国哲学家、建筑师和艺术家）
的球型屋顶设计，这种类似球型穹顶的构造承
重能力大，而且凌厉的线条与舒适的内饰相得
益彰。

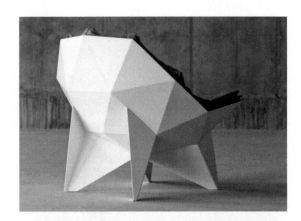

"bloated"（膨胀）是设计师 Damien Gernay 的一个家居设计系列项目，包括书桌、货架、挂衣钩。它们的主要部件采用整张皮革自然发泡的方式制作，没有复杂的模具，也无接缝，每一块皮面独一无二。

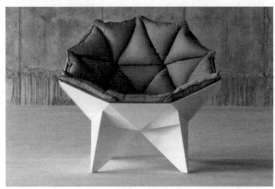

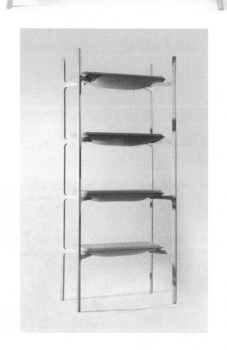

Doda 椅由意大利设计师 Ferruccio Laviani 设计，它是现代风格对经典 Bergère 椅的全新诠释，其各部分尺寸及直线与曲线的交汇都经过精心的设计，而整体造型又在现代感十足的简洁中融合了一分华贵的古典美。

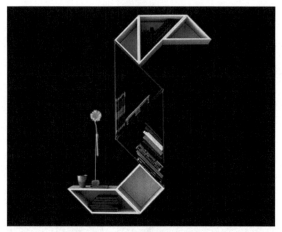

下图是意大利设计师 Daniele Lago 既大胆又赋创新的尝试，七巧板的七个简单的形状千变万化，组合成无数的图案。这种创造性被运用在家具设计里，便造就了这套名为"七巧板"的书架。

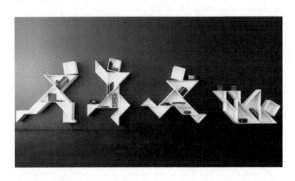

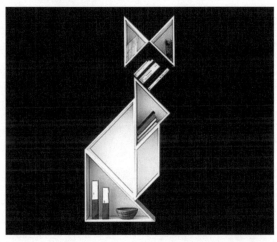

"tent椅"采用可百分百回收利用的针织尼龙材料，适用于室内室外不同环境，透气的针织坐垫可供水液轻松穿过，即使在严苛的气候条件下，也能享受舒适的体验。坐垫与针织元素水乳交融，无需添加任何泡沫，使"tent椅"具有更加利于可持续性发展的环保优点。

"tent椅"是对于智能纺织结构未来发展研究以及新型数位针织技术探索中的一个重要成果，它对进一步改善家具制作过程具有重要的推动作用。

下图是由benjamin hubert为moroso专门设计的"tent椅"，其采用独特的数位针织技术，可以在一次性的产品制作过程中，大大提高生产效率。帐篷似的外形由采用了高性能缆绳制作的导索纤维拉紧而成。正如该设计团队所说，弹性、支撑、透气、衬垫，加上由无缝针织技术一次性成型的3D结构，让"tent椅"成为了一件技术先进的室内产品。轻盈的结构完美贴合用户身形，宽阔的乘用空间提供更加舒适的有力支撑。

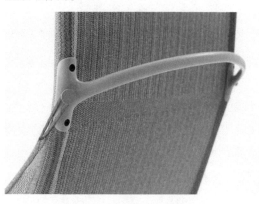

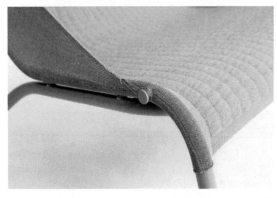

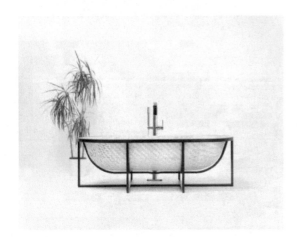

以色列设计师 Tal Engel 从亚洲传统造船技术获得灵感，设计了 otaku 浴缸。整个浴缸以黑色的钢制框架结构作支撑，用薄木片编织而成，简洁而质朴。

位于西班牙巴塞罗那的设计工作室 lagranja design 为 Sistema Midi 公司设计了一系列色彩明快并且简洁有趣的家具设计产品 Midi Colors。这套家具包括桌子、书架和柜子等产品，可以让购买者根据自己的喜好随意组合桌腿、桌面、抽屉和柜子上的面板等，为个性化家居提供了极大的自由。原本更加倾向于儿童产品的颜色被大量应用在 Midi Colors 上，让原本严肃和沉闷的办公空间一下子活跃和热闹起来，希望"越长大越孤单"的人们不要丢失了儿时的那份童真和快乐。

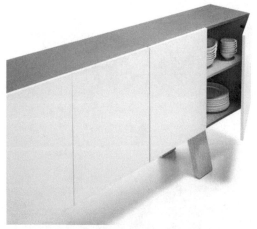

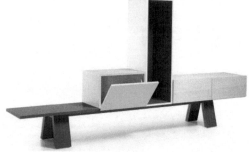

下图"Bouquet"是像鲜花一样的座椅，精致而典雅，由日本著名设计师 Tokujin Yoshioka 设计，宛如纤细的铬金属绽放出一束美丽的花瓣。它是全手工折叠起来的织物，是对美的歌颂，展现出梦幻般的视觉效果。

下图是芬兰家具设计师设计的球椅，外观形似地球仪，直径大约1米。球体斜着切开，里面是适当硬度的缓冲垫。该球椅能有效阻挡周围70%的噪声，坐在里面看书、听音乐很是惬意。

思考与练习

1．介绍一款你印象较深的中国传统家具。

2．设计一款带有传统文化元素的现代家具。

3．浅谈"人""家具""环境"三者的关系，并设计一款创意家具。

参考文献

[1] 顾杨. 传统家具 / 印象中国. 合肥：黄山书社，2016.

[2] 潘嘉来. 中国传统家具. 北京：人民美术出版社，2005.

[3] 刘文利. 明清家具鉴赏与制作分解图鉴. 北京：中国林业出版社，2013.

[4] 康海飞. 当代国外精品家具图集. 北京：中国建筑工业出版社，2004.

[5] 许美琪. 西方现代家具史论. 北京：清华大学出版社，2015.

[6] 鲁格. 瑞士室内与家具设计百年. 方海，等，译. 北京：中国建筑工业出版社，2010.

[7] 张克非. 家具设计流程，沈阳：辽宁美术出版社，2017.

[8] 吕九芳，周橙旻. 设计创造经典：世界知名家具企业案例赏析. 合肥：合肥工业大学出版社，2012.

[9] 杰森. 时尚家具米兰 style. 南京：江苏科学技术出版社，2014.

[10] Eric Karjaluoto. 设计的方法. 张霄军，褚天霞，译. 北京：人民邮电出版社，2014.

[11] Ren chengyuan,Cai chen. Sustainability of green product design teaching and research. ASSHM，(ISSHP)，2014.

[12] Stuart Lawson. Furniture Design: An Introduction to Development, Materials and Manufacturing. LAURENCE KING,2013.